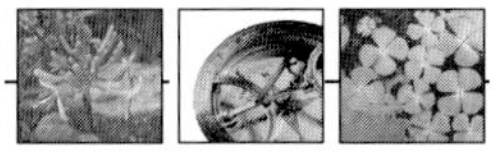

3대 작도 문제 해결을 위한
곡선과 기구

김진호 · 김용대 · 서보억 지음

KYOWOOSA 教友社

___시리즈 머리말

나는 4년 전부터 대구교육대학교에서 예비교사들을 대상으로 수학사 강좌를 운영 중이다. 처음 한 두 학기는 수학사와 관련된 단행본을 정해서 한 장 한 장 다루었었다. 그런데 대다수의 수학사 관련 서적들이 그러하듯이, 내가 선정한 수학사 서적의 내용도 수학사보다는 수학문화사에 치우쳐 있고 실제 수학 그 자체에 대한 심도 있는 논의는 생략되어 있음을 깨닫게 되었다. 지인과 함께 이 문제에 대해 논의하면서, 나는 그와 함께 수학이 있는 수학사 서적이 절실히 요구된다는 데 합의하였다. 이것이 본 시리즈를 기획하게 된 계기이다.

따라서 본 수학사 시리즈에서는 각 수학 주제가 발전되어 가는 과정을 밀도 있게 그려 나아가려고 한다. 예를 들어, '3대 작도 불능문제'를 예로 설명하면, 이 문제를 해결하기 위한 수학자들의 노력과 그 결과를 수학적으로 풀어 갈 것이다. 현재 본 수학사 시리즈를 통해서 다루고자 하는 주제는 '수 체계 및 연산 기법의 발달', '3대 작도 불능 문제', '원주율 : 초월수', '마방진 & 성진', '1차 방정식 및 2차 방정식의 해법 발달사', '삼각형과 관련된 수학', '피타고라스와 수', '정다각형과 구적법' 등 다양하다. 각 주제별로 단행본으로 집필 작업이 이루어질 것이며, 다양한 집필진이 참여할 예정이다. 본 시리즈의 수학 내용은 중・고등학교 수학을 이해한 사람이면 이해할 수 있도록 가급적 쉽게 풀어 쓰고자 한다. 독자의 이해를 돕는 데 도움이 될 것이라고 판단되면, 각주의 형태로 보충 설명을 해 둘 것이다.

많은 사람들이 수학은 어렵다고 생각한다. 물론, 수학을 이해하는 것은 쉽지 않다. 그러나 수학이 결코 이해 불가능한 대상은 아니다. 역설적이라고 들릴지 모르지만, 수학은 누구나 재미있게 학습할 수 있는 학문이다. 수학이란 학문만큼 인간의 지적 호기심을 자극하는 학문도 드물 것이다. 독자들은 수학을 이해한다는 것이 쉽지는 않지만 가능하다는 것을 본 시리즈물들을 통해서 경험하기 바란다.

시중에 많은 수학사 서적이 있음에도 불구하고 수학사 시리즈를 출판하고 싶다는 뜻을 전했을 때, 기꺼이 출판을 수락해 주신 교우사 오판근 사장님에게 감사의 마음을 전하고 싶다.

시리즈 편집자

김진호

___머리말

초등학교 학생들에게 도형은 매우 신기하고도 재미있는 학습대상이 아닐까 하는 생각이 든다. 누구나 그러하겠지만, 초등학교 수학 수업 중 가장 행복했던 시간 중 하나가 도형을 그리는 시간이었다. 하지만 중학교와 고등학교에서 기하를 학습하게 되면서 이러한 생각이 조금씩 바뀌는 것 같아 매우 안타깝다. 반 힐레*van Hiele**의 생각을 잠시 빌려서 그 원인을 설명하면 기하를 배우는 학생들의 사고 수준과 기하를 가르치는 교사의 사고 수준의 차이에 있었을 것이다. 그만큼 기하 학습의 어려움이 많다는 것을 시사하는 것 같다.

기하학은 수학의 발생과 관련이 깊다. 고대 그리스 시대에는 수학이 곧 기하학이라고 할 수 있을 만큼, 어떤 의미에서는 (고대) 수학사는 곧 기하학사와 같은 의미를 갖는다. 예를 들어, 플라톤*Platon*은 자신이 설립한 학교에 "기하학을 모르는 자는 들어오지 말라"라는 현판을 붙였다는 일화로부터 우리는 기하학이 곧 수학이었다는 점을 알 수 있다. 이러한 기하 내용 중에서 우리가 평소에 거의 신경을 쓰지 않았고, 학교에서 큰 비중을 두지 않고 다루는 영역 중의 하나가 이 책에서 다루고 있는 것으로 바로 작도*Construction*가 아닐까 생각한다.

---

* van Hiele의 사상에 관심 있는 독자는 "구조와 통찰(우정호 등 역, 경문사, 2009)"를 참고하기 바란다.

고대 그리스 최고의 수학자 중의 한 사람이었던 유클리드*Euclid*는 그의 저서 '*On divisions*'에서 다양한 작도 문제를 다룬 것으로 유명하다. 또한 많은 수학교육학자들도 기하교육에서 작도교육의 중요성을 역설하고 있다. 수학자들이 작도를 중요하게 생각하는 것은 작도의 발견적 속성 및 창조적 속성에 기인한다고 할 수 있다.

즉, 학생들이 작도 문제를 수행하는 과정에서 자신이 가진 수학적 능력을 발휘하고 창조적이고 독창적인 사유의 과정을 거쳐 작도 절차를 발견한다는 신념이 자리 잡고 있는 것이다. 따라서 고대 작도 문제 중에서 3대 작도 문제인 배적 문제, 원적 문제, 각의 삼등분 문제를 다양한 측면에서 다루어보고 수학적 의미를 고찰하는 것은 큰 의미를 지닌다.

아무쪼록 본 3대 작도 문제 해결을 위한 곡선과 기구에 대한 고찰을 통해 작도 문제에 대한 중요성이 새롭게 부각되었으면 하는 바람이다.

끝으로 부족한 이 책의 출판을 위해 협조하여 주신 교우사 오판근 사장님과 편집부 백지선 선생님께 감사의 말씀을 드린다.

김진호 · 김용대 · 서보억

차 례

III. 배적 문제 해결을 위한 노력과 곡선 및 기구

IV. 원적 문제 해결을 위한 노력과 곡선 및 기구

V. 각의 삼등분 문제 해결을 위한 노력과 곡선 및 기구

Chapter I

작 도

- 작도란
- 작도 도구와 기본작도
- 작도를 위한 유의점 및 주의점

작도란

작도는 인류의 역사와 함께 시작된 것으로 볼 수 있다. 인간은 도형을 그리기 위해 다양한 도구를 사용하였고, 이러한 전통이 고대 그리스 시대에 이르러 합리주의와 논증주의의 발전과 함께 자, 컴퍼스의 등장으로 체계화되었다. 유클리드는 그가 쓴 원론의 첫 번째 명제로 '주어진 변 위에 정삼각형을 작도하는 것'을 제시하였고, 또 다른 수학 서적인 '분할론'에서는 다양한 다각형에서 작도 문제를 심도 깊게 다루고 있다. 작도를 언급할 때, 빠질 수 없는 것으로 고대 그리스부터 내려오는 주어진 다각형을 정사각형화 시키는 전통이다. 직사각형을 정사각형으로 변형시키는 작도, 삼각형을 직사각형으로 변형시키는 작도, 궁극적으로 임의의 모든 다각형을 정사각형으로 변형시키게 된다. 이러한 작도를 구적법이라고 부르기도 한다. 그런데 히포크라테스*Hippocrates*는 다각형이 아닌 궁형(초승달 모양)에 관심을 가지고 구적법을 연구한 것으로 유명하다. 그는 궁형 중에서 정사각형으로 변형할 수 있는 세 가지 유형을 발견하였다. 그런데 궁형 구적이 가능한 것이 불과 5가지 밖에 없다는 사실이 최근에 증명된 것으로 볼 때, 히포크라테스의 궁형 구적은 매우 의미있는 작도 행위임이 분명해 보인다.

현대적 의미에서의 작도는 자와 컴퍼스를 이용한 다양한 조작적 활동을 의미한다. 유클리드가 이러한 전통을 만들었다는 의미에서 이 두 도구를 유클리드적 도구라고 부르기도 한다. 실제로 작도는 순수한 수학적 활동으로 눈금 없는 자, 컴퍼스만으로 도형을 그리는 활동을 지칭한다.

그렇다면 눈금 없는 자, 컴퍼스는 필수적인 도구인가? 이에 대한 의문을 품었던 수학자가 마스케로니*Mascheroni*이다. 실제로 마스케로니는 유클리드적 도구 중에서 눈금 없는 자는 불필요한 도구라는 것을 증명하였고, 컴퍼스 하나만을 가지고 작도하는 것을 마스케로니 작도라고 오늘날 부르고 있다.

작도 도구와 기본 작도

작도 도구

기하에서 작도의 역사는 그리스 시대까지 거슬러 올라간다. 기하학적 작도는 흔히 유클리드적 작도라고 부르기도 한다. 앞에서도 언급하였지만 작도를 위해 허용된 도구는 오직 컴퍼스와 눈금 없는 자뿐이다.

작도에서 컴퍼스의 역할은 등거리를 만들어주는 도구이고, 눈금 없는 자의 역할은 임의의 점들이 서로 동일한 직선 위에 있다는 즉, 공선적[2]이라는 것을 보장해 주는 도구이다. 모든 기하학적 작도는 이 두 가지 개념 위에 바탕을 두고 있다.

2) '공선적'이라는 것은 임의의 점들이 동일한 직선 위에 있다는 것을 의미한다.

특별히 기억할 것은 유클리드가 사용한 컴퍼스의 특징이다. 유클리드의 컴퍼스는 현대의 컴퍼스와는 큰 차이를 가지고 있는 도구였다. 유클리드의 컴퍼스는 컴퍼스의 다리를 종이 표면에서 떨어지는 순간 접히고 마는 컴퍼스였다는 점을 기억할 필요가 있다.

기본 작도

여기서는 가장 기본적인 작도 중의 하나인 주어진 두 선분의 합, 차, 곱, 몫 및 제곱근의 작도에 대해 간략하게 살펴본다.

만약에 두 선분 $AB = a$, $CD = b$가 작도가 가능한 선분이라고 하자($b > a$). 그러면 $a+b$, $b-a$, ab, $\frac{b}{a}$, $\sqrt{a}$가 작도가 가능하다. 아래와 같이 두 선분 AB, CD, 단위 1이 주어져 있다고 하자.

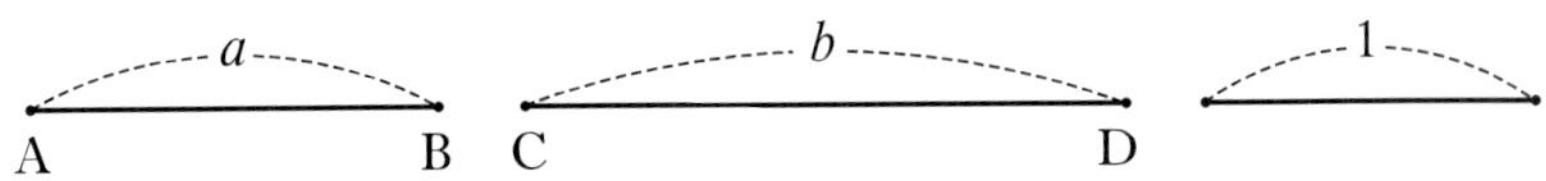

첫째, 두 선분 $AB = a$, $CD = b$의 합인 $a+b$는 작도할 수 있다. 즉, 선분 AB의 연장선 위에 선분 CD의 길이와 같아지는 점을 잡을 수 있다.

둘째, 두 선분 $AB = a$, $CD = b$의 차인 $b-a$는 작도할 수 있다.

즉, 선분 CD 위에 선분 AB의 길이와 같아지는 점을 잡으면 나머지 부분을 구할 수 있다.

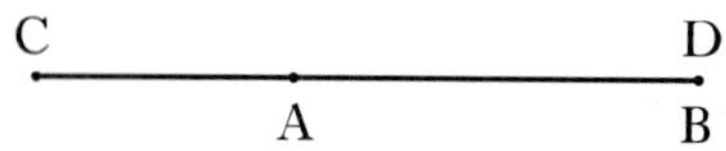

셋째, 두 선분 $AB = a$, $CD = b$의 곱인 ab는 작도할 수 있다. 즉, 아래 〈그림 1-1〉과 같이 두 선분의 연장선과 단위를 위치시키고, 선분 EF와 평행이면서 점 P를 지나는 평행선에 의해서 점 Q가 결정되고 ab의 길이를 작도할 수 있다.

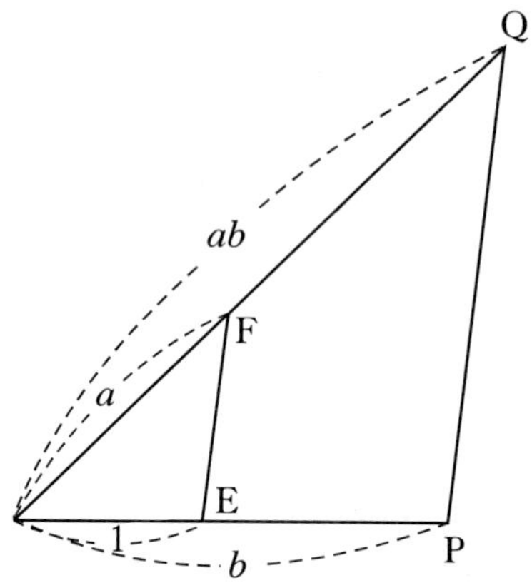

〈그림 1-1〉 a와 b가 주어졌을 때 길이가 ab인 선분 작도하기

넷째, 두 선분 $AB = a$, $CD = b$의 몫인 $\frac{b}{a}$를 작도할 수 있다. 즉, 아래 〈그림 1-2〉와 같이 두 선분의 연장선과 단위를 위치시키고, 선분 EF와 평행이면서 점 Q를 지나는 평행선에 의해서 점 P가

결정되고 $\frac{b}{a}$의 길이를 작도할 수 있다.

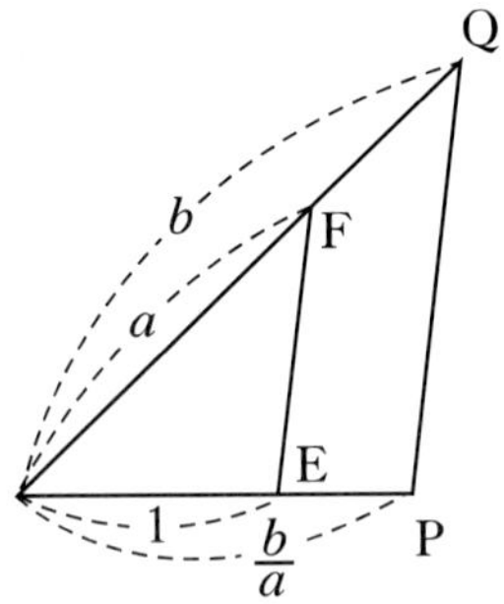

〈그림 1-2〉 a와 b가 주어졌을 때 길이가 $\frac{b}{a}$인 선분 작도하기

다섯째, 선분 $AB = a$의 제곱근인 $\sqrt{a}$를 작도할 수 있다. 즉, 아래 〈그림 1-3〉과 같이 지름이 $a+1$인 원을 작도하고, 점 Q에서 지름에 수선을 그어 원과의 교점을 S라고 하면 선분 QS가 $\sqrt{a}$와 같아진다.

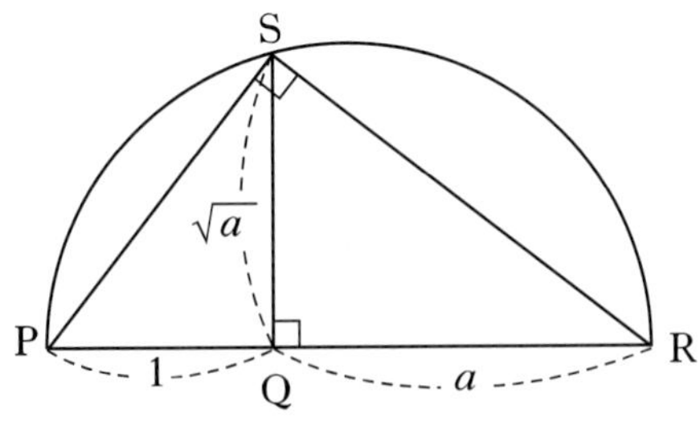

〈그림 1-3〉 a가 주어졌을 때, 길이가 $\sqrt{a}$인 선분 작도하기

작도를 위한 유의점 및 주의점

작도에 대한 유의점

다음과 같은 점에 유의하여 작도를 수행해야 한다.

첫째, 컴퍼스는 단순하게 곡선을 그리는 것은 아니다. 컴퍼스는 원형 모양의 접시나 캔 깡통과 같은 원형 모양의 물체로 대체될 수 있는 것이 아니다. 컴퍼스는 한쪽 끝을 중심으로 고정시키고, 다른 쪽 끝을 연필로 고정시켜서 곡선을 그린다. 즉, 컴퍼스에 의하여 그려진 곡선상의 모든 점들은 중심으로부터 등거리성을 만족시킨다.

둘째, 눈금자를 종종 직선자라고 부름에도 불구하고, 눈금자에 있는 눈금을 사용하는 것은 허용되지 않는다. 즉, 측정이 불가능한 자이다. 직선자는 단지 직선을 긋는데 사용되는 도구이다. 자를 이용하여 할 수 있는 것은 두 개의 서로 다른 점이 주어지면 두 점과 공선적 위치에 있는 모든 점을 연결할 수 있는 역할을 하는 것이다.

셋째, 눈금자와 각도기는 기하학에서 그들만의 가치는 가지고 있지만 기하작도의 도구는 아니다. 모든 측정값은 근삿값이기 때문이다. 실제로 컴퍼스와 직선자도 문제점을 가지고 있다. 직선은 유클리드의 원론에 따르면 폭을 가지지 않는 것이라고 정의되어 있다. 그러나 직선자를 사용하여 직선을 그으면 폭을 가질 수밖에 없다. 하지만 작도는 이론에 대한 연습이다. 만약, 우리가 작도 도구들의 물리적 결함을 인정한다면 우리는 이들 도구를 사용하여 정확한 결과를 얻을 수 있을 것이다.

작도에 대한 주의점

기하작도에 있어서 피해야 하는(인정할 수 없는) 행위가 있다. 몇 가지 주의점을 제시하고자 한다.

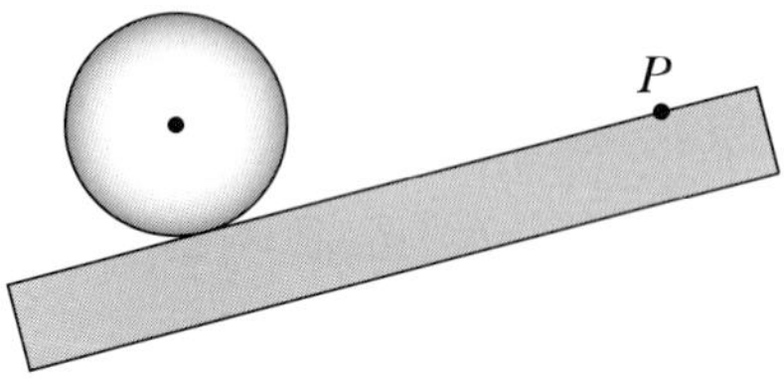

첫째, 직선, 반직선, 선분의 작도는 직선자를 고정된 두 점에 나란히 올려놓아야 한다. 이 규칙은 반드시 지켜져야 한다. 다음은 원에 접선을 긋는 방법에 대한 학생 A의 반응이다.

> **학생 A** : 점 P를 지나고 원 O에 접하는 접선을 긋고 싶다. 직선자를 점 P에 올려놓았다. 직선자를 적당히 회전시켜 원에 올려 놓았다. 그리고 직선을 그었다. 이 직선이 접선이다.

학생 A의 행위는 작도가 아니다. 근사적인 방법으로 접선을 그을 수는 없다. 반드시 다른 한 점을 결정해야 직선을 그을 수 있다는 규칙을 위반한 것이다. 한 점 P를 결정하였지만 다른 한 점을 결정하지 않고 직선을 그었기 때문에 학생 A의 행위는 작도로 볼 수 없다.

둘째, 제도용 삼각자를 종종 직선자로 사용하는 경우가 많다. 이러한 경우도 작도는 충분히 가능하다. 그러나 이 경우에도 모든 것을 허용할 수는 없다. 즉, 직각을 긋는 도구로 사용할 수는 없다. 수선을 긋는 방법에 대한 학생 B의 반응이다.

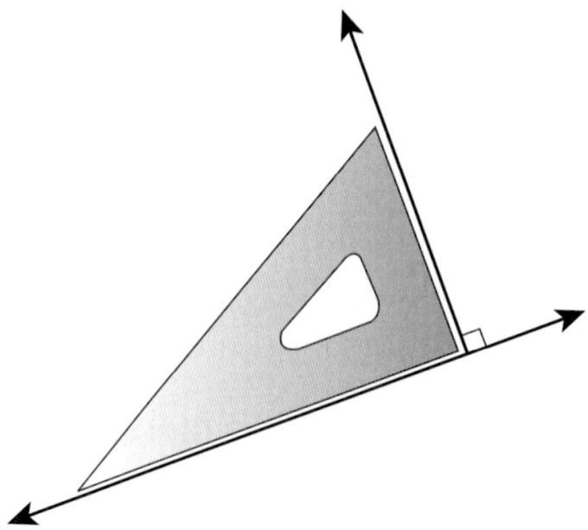

학생 B : 삼각자의 한 쪽 변을 직선위에 정확하게 올려놓는다. 그리고 삼각자의 수직이 되는 방향을 사용하여 직선을 긋는다. 이 직선이 주어진 직선에 대한 수선이다.

삼각자의 직각을 이용하여 수선을 긋는 것은 작도가 아니다. 본질적으로 삼각자를 이용하여 90°라는 각을 측정하여 사용한 것으로 볼 수 있다. 즉, 각도기를 사용하여 90°의 각을 측정한 것과 같은 결과이다.

셋째, 원에 접하는 직선을 어떻게 작도하고 있는지 주의해서 지켜보자. 컴퍼스를 이용하여 원을 작도하는 데 있어서, 우리가 지켜야 할 것은 반드시 고정된 한 중심과 일정한 길이의 반지름(즉, 두 고정된 점 사이의 거리)을 가지고 있어야 한다는 점이다. 다음은 접선을 긋는 학생 C의 반응이다.

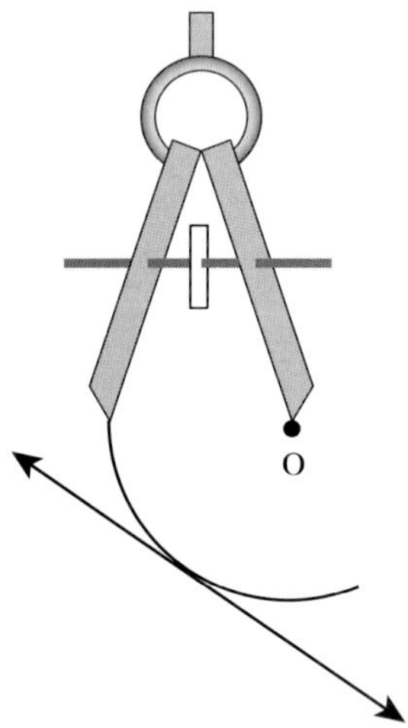

학생 C : 한 개의 직선을 임의로 그었다. 이제 한 정점을 중심으로 하는 원을 그리려고 한다. 반지름을 적절하게 조절하여 주어진 직선에 접하도록 원을 하나 그렸다. 처음에 그은 직선이 나중에 작도한 원에 접하는 접선이 된다.

위 학생의 작도는 접선을 긋는 데 있어서 학생 A와 마찬가지로 근사적인 방법을 이용하였다. 반지름을 추측에 의해 정했다. 중심이 점 O로 고정되었듯이 반지름도 다른 한 점을 고정하여 결정하여야 작도로 인정할 수 있다. 따라서 학생 C의 행위는 작도가 아니다.

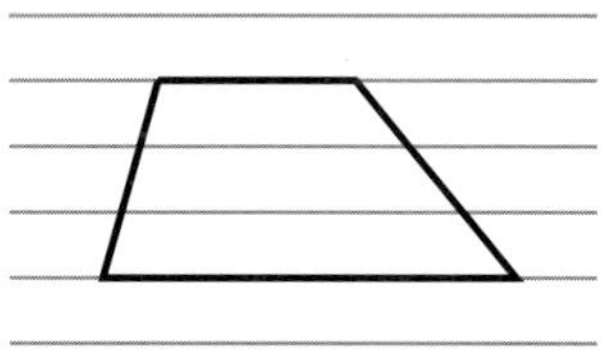

넷째, 학생들에게 사다리꼴을 작도하도록 요구하자. 많은 학생들이 위의 그림과 같은 방법으로 작도를 한다. 즉, 공책에 있는 줄을 이용하여 작도를 한 것이다. 그러나 이것은 작도가 아니다. 학생들은 공책 자체를 작도의 한 도구로 사용한 것이다. 평행선을 긋기 위해 공책의 선을 따라 직선을 긋는 것은 역시 작도가 아니다.

지금까지 우리는 작도에 대한 정의와 작도에서 범하기 쉬운 잘못된 방법에 대해 살펴보았다. 우리의 선조들은 컴퍼스와 직선자를 이용하여 도형을 그리는 작도를 창안하였고, 지금도 그 영향으로 오늘의 학생들도 그러한 작도를 하고 있다. 작도를 한다는 것은 자연스러운 한 현상이었고, 우리도 그 현상에 자연스럽게 참가하고 있다. 수많은 보조 도구가 개발된 지금도 유클리드적 작도를 수학 수업시간에 강조하고 있다. 그만큼 작도를 행하는 과정 안에 수학적인 과정이 담겨져 있고, 우리의 사고과정을 잘 드러낸다고 받아들이기 때문이다. 다양한 작도활동을 지속적으로 개발하고 교육해야 하는 이유가 또한 여기에 있는 것이다.

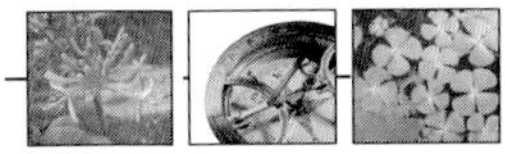

Chapter II

역사적 유래

- 배적 문제의 역사적 유래
- 원적 문제의 역사적 유래
- 각의 삼등분 문제의 역사적 유래

배적 문제의 역사적 유래

지금까지 사람들이 배적 문제에 관심을 갖게 된 계기는 두 가지 사건 때문인 것으로 알려져 있다. 옛날에는 사람들이 시공간적으로 이동이 많지 않았고 정보들도 이동이 쉽지 않았던 시기이기 때문에, 이 두 가지 사건은 아마도 각기 발생했을 가능성을 배제할 수 없을 듯 싶다.

먼저, 제단의 크기와 관련된 일화에 대해서 알아보자. 고대 그리스 시대에 아테네에 나쁜 전염병이 갑자기 퍼지고 많은 시민이 죽게 되었다. 아테네 시민들은 신전으로 가서 자신들이 숭배하는 신에게 많은 공물을 바치면서 기도를 올리고 아테네를 죽은 도시로 만들고 있는 원인을 없애달라고 하였다. 그런데 신들은 아테네 시민들의 바람과는 상관없이 자신들의 많은 공물을 탐내고서 더 큰 제단을 바라면서, 다음과 같이 말했다.

"너희들이 나를 섬기는 정성이 부족해서 나의 제단을 작게 만들어 놓은 것이 불만이다. 그러니 나의 제단의 부피의 2배인 새로운 제단을 만들어라. 그러면 도시를 구해주겠다."

때가 때인지라, 마음이 급한 석공이 현재의 제단의 각 변의 길이를 두 배로 늘여서 새로운 제단을 만들어 이것을 신께 바쳤다. 새로운 제단을 바쳤음에도 불구하고, 전염병은 점점 더 퍼져가고 점점 더 많은 이 도시 사람들이 죽어갔다. 아테네 사람들은 신전으로 찾아가 신에게 다음과 같이 항의하였다.

> "현재의 제단보다 2배인 제단을 만들어 주면 전염병을 쫓아주겠다고 하지 않았습니까? 우리는 새 제단을 신께 바쳤습니다. 어찌된 일입니까?"

이에 신은 다음과 같이 말하면서, 사람들을 꾸짖었다.

> "내가 언제 8배나 되는 제단을 만들어 달라고 하였는가? 2배가 되는 제단을 만들어 달라고 했었지!"

신의 말을 듣고, 시민들은 차분히 생각해 보니 분명히 새 제단은 그전 것보다 부피가 8배로 늘어난 것이었다.

에라토스테네스

이 이야기는 에라토스테네스*Eratosthenes*가 남긴 이야기로 전해지고 있다. 실제로 에라토스테네스 자신 또한 직사각형 틀을 이용해 이 문제를 해결하였다.

다음으로, 크레테*Crete* 왕국의 전설적인 미노스왕*Minos*에 대한 희곡이 있었다고 한다. 이 희곡의 대략적인 내용은 다음과 같다. 미노스왕은 불행하게도 자신의 아들인 왕자 글라우코스*Glaucus*가 자신보다 먼저 죽는다. 왕자의 묘비는 빛나는 검정색 돌로 된 아름다운 정육면체였다. 그러나 미노스왕은 이 묘비가 작다는 것에 만족하지 못하고, 건축가에게 "왕자의 무덤을 현재보다 두 배가 되도록 하라. 그러나 그 아름다운 모양은 망가뜨리지 않아야 한다." 고 명령하였다. 그런데, 현명함으로 명성을 얻은 이 왕이 건축가에게 "현재의 묘비의 각 변의 길이를 2배로 해서 부피를 2배로 하시오."라고 명령한 것이다. 건축가가 미노스왕의 말대로 각 변의 길이를 두 배로 하여 새로운 묘비를 만들었을 때, 그 부피는 전의 무덤의 8배가 되었다. 미노스왕이 이런 명령을 했다는 것이 알려지면서, 미노스왕은 세상 사람들의 웃음거리가 되었다고 한다.

그 설이야 어찌 되었건 간에, 제단 또는 무덤을 본 당시의 기하학자들은 그렇다면 정말로 주어진 정육면체의 부피를 2배가 되게 하는 정육면체를 작도할 수 있는 방법은 없을까에 대해서 고민하기 시작하였다. 기하학자들이 시도한 방법들 중 몇 가지를 3장부터 살펴보도록 한다.

미노스의 궁

원적 문제의 역사적 유래

원적 문제란 「원과 같은 넓이를 가진 정사각형을 만들어라」라는 것이다. 이 문제와 관련하여 다음과 같은 재미난 일화가 전해진다.

아낙사고라스

옛날 그리스에서 이오니아 학파*Ionian School*가 활약하고 있던 무렵, 아낙시메네스*Anaximenes*라는 천문학자가 있었다. 그의 제자 중에 아주 머리가 좋은 청년이 있었는데, 그 사람의 이름은 아낙사고라스*Anaxagoras*라고 하였다. 그는 올바른 판단을 할 수 있었고, 영리한 두뇌를 가졌기 때문에 천문학에 대해서 여러 가지를 밝혀냈다. 그런데, 그 무렵의 천문학에 관한 일은 모두 하느님의 탓이라고 생각했으므로, 그 일에 대해서는 과학의 잣대를 대는 사람은 없었다. 그런데, 아낙사고라스는 태양의 운행, 밤낮의 변함, 만월이나 달의 기움, 별의 운행 등을 조사하고, 그 밖에도 여러 가지 천재지변은 모두 인간의 힘으로 해명할 수 있는 것이라고 생각했다. 그래서 그는 여러 가지로 연구를 거듭하였다. 그런데, 일반 사람들은 그를 신을 모독하는 불온분자라고 생각하고 그를 몹시 비난했다. 결국 그는 체포되어 투옥되었다. 그리고도 책을 모두 몰수당했다. 그래서 감옥 안에서도 할 수 있는 일, 즉 머리를 써서 한 가지 기하학 문제를 생각해 냈는데 이것이 원적 문제라고 전해진다.

아마 어떤 문제도 주어진 원의 넓이와 같은 크기의 넓이를 갖는 정사각형을 작도하는 문제보다 더 강렬하고 오랜 유혹을 주지는 못했을 것이다. 기원전 1800년경 당시 이집트인들은 정사각형의 한 변을 주어진 원의 지름의 8/9로 취함으로써 이 문제를 해결했다. 그 후로도 끊임없이 많은 사람들이 이 문제와 씨름했으며 오늘날 유크리드 도구를 가지고는 그 작도가 불가능하다는 주장이 주어졌는데도 불구하고 계속해서 이 문제를 거론하지 않고 넘어간 적이 없다.

아낙사고라스는 자신이 낸 원적 문제에 대한 풀이를 시도하였고, 어떤 결과를 얻었는지, 또는 그의 공헌이 무엇이었는지에 대해서는 알려져 있지 않다. 그와 동시대인이었던 키오스*Chios*의 히포크라테스*Hippocrates*는 두 원호로 에워싸인 어떤 특별한 활꼴을 정사각형으로 만드는데 성공했는데 아마 자신의 연구가 원적 문제를 푸는 실마리가 될 것으로 기대했던 것 같다.

아르키메데스

원적 문제에 대한 하나의 접근법이 아르키메데스의 나선에 의해 주어질 수 있는데 흔히 아르키메데스*Archimedes*가 실제로 이 문제를 해결하기 위해 나선[3]을 만들었다고 전해진다. 자세한 방법은 뒤에서 살펴보기로 하자.

현대 수학에서 원적 문제는 불능이라는 것이 증명되었는데, 기원전 당시의 수학자들은 이 문제는 가능하다고 믿고 여러 가지 방법을 시도했다. 그 중에 소피스트 학파*Sophist School*의 한 사람인 안티폰*Antiphon*이라는 사람이 있었다. 그는 반지름이 1인 원에 내접하는 정

3) 역학적 용어로 나선의 정의는 '평면상의 원점에서 방출된 한 반직선이 일정하게 회전할 때 이 반직선을 따라서 일정하게 움직이는 점 P의 자취'이다.

사각형의 넓이를 구하고, 다음에 이들의 변의 수를 2배로 한 정팔각형, 다시 변의 수를 2배로 한 정십육각형, 이어 정삼십이각형, 정육십사각형으로 순차적으로 변의 수를 2배로 하여 그 넓이를 구하고, 계속 정백이십팔각형의 둘레의 길이와 그 넓이를 구했다고 한다. 그는 차례차례로 이 방법을 계속해가면 원의 넓이나 원주의 길이를 구할 수 있다고 믿었다.

이 무렵, 고대 그리스의 대수학자이자 물리학자로서 유명한 아르키메데스가 다음과 같은 「원의 반지름을 높이로 하고 원주의 길이를 밑변으로 하는 삼각형을 만들면 이것이 원의 넓이와 같다」는 생각을 발표하였다.

따라서 반지름이 r인 원의 넓이는 $r \times 2\pi r \div 2 = \pi r^2$가 되어 원 넓이의 공식이 된다. 이것은 원둘레와 같은 길이의 밑변이라는 데서 「극한의 생각」이 들어 있다.

각의 삼등분 문제의 역사적 유래

세 번째 작도 불능 문제인 임의의 각의 삼등분 문제에 대한 유래를 살펴보자. 유클리드 도구를 가지고 주어진 선분을 여러 등분으로[4] 나누는 것은 간단한 문제였으므로, 고대 그리스인들이 각을 여러 등분으로 나누는 것도 유사하게 풀 수 있다고 생각하고 풀려고

4) 선분을 임의의 등분으로 나누는 방법은 중학교에서 다루고 있다.

하다가 이 문제에 부딪힌 것 같다. 다른 작도 불능인 문제보다도 각의 삼등분 문제가 보편적으로 훨씬 널리 알려져 있고 유명하다. 그 이유는 각의 삼등분 문제가 다른 문제에 비해 이해하는데 어려움이 없으면서 매우 간단하고, 또한 특별한 크기의 각 즉, 직각과 같은 경우에는 삼등분이 가능하기 때문일 것이다. 따라서 많은 수학자들은 임의의 각도 아주 쉽게 삼등분이 될 것이라는 막연한 믿음을 가진 것으로 판단된다. 그래서 수학자들은 다음과 같은 두 가지 방법을 생각하였는데, 하나는 "유클리드의 도구만을 이용해 작도해야 하는가?" 하는 것이고, 다른 하나는 "각의 삼등분이 왜 유클리드 도구로서는 작도가 불가능한가?"에 대한 증명 방법을 찾는 것이었다. 다른 측면에서 살펴보면, 각의 삼등분 문제는 아마도 정구각형을 작도하는 과정에서 발생했을 지도 모른다는 의견도 있다. 왜냐하면 정구각형을 작도하기 위해는 60도의 각을 삼등분해야 하기 때문이다.

이후 다양한 방법으로 임의의 각을 삼등분하는 것은 성공하였지만 유클리드의 도구로서는 왜 각의 삼등분이 불가능한지에 대한 의문을 강하게 가진 것은 19세기 이후였다. 그 후 수학자들의 강한 호기심에 의해 각의 삼등분이 불가능하다는 것을 증명하게 되었다. 임의의 각을 3등분하는 것은 작도가 불가능하지만 임의의 주어진 각을 2등분하는 것과 직각과 같은 몇몇 특수한 각을 3등분하는 것은 예외적으로 작도가 가능하다.

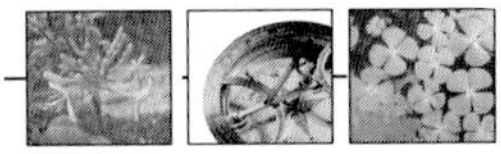

Chapter Ⅲ

배적 문제 해결을 위한 노력과 곡선 및 기구

- 배적 문제의 역사적 해결과정 분석
- 평면도형을 이용한 방법
- 입체도형을 이용한 방법
- 기계적 도구를 이용한 방법

배적 문제의 역사적 해결과정 분석

배적 문제란

한 변의 길이가 a인 정육면체의 부피 V는 a^3이고, 이 정육면체의 각 변을 2배로 늘린 새로운 정육면체의 부피 V'은 $(2a)^3=8a^3$이다. 따라서 $V'=8V$이다. 따라서 부피가 2배인 새로운 정육면체를 만들기 위해서는 처음 정육면체의 한 변의 길이를 a라 하고, 부피가 2배인 정육면체의 한 변의 길이를 b라 하면, $b^3=2a^3$이어야 하고, $b=\sqrt[3]{2}\,a$이다. 즉, 새로 만들 정육면체의 한 변의 길이는 처음 정육면체의 한 변의 길이의 $\sqrt[3]{2}$배가 되어야 한다.

고대 그리스 시대는 지금 우리와 달리 기하 도구가 발달하지 못하였기 때문에 그리고 그들의 기하 탐구 태도 때문에, 자와 컴퍼스만으로 주어진 길이의 $\sqrt[3]{2}$배 되는 길이를 작도할 수 있을까 하는 문제가 발생한다. 작도 가능한 수는 유리수에 제곱근과 사칙연산을 유한번 적용해서 얻어지는 수이다. 그런데, $\sqrt[3]{2}$는 대수적 수이지만, $\sqrt[3]{2}$를 통해 만든 단순확대체인 $Q(\sqrt[3]{2})$는 유리수체 Q 위에서 차수가 3이므로 $\sqrt[3]{2}$는 자와 컴퍼스만으로는 작도가 가능하지 않다[5].

배적 문제를 해결하기 위한 다양한 시도가 있었다. 이러한 시도의 부산물로 다양한 보조 곡선 및 도구들이 발견되었다. 본 절에서 고대

---

5) $\sqrt[3]{2}$의 작도 불가능에 대한 구체적인 설명은 대학교재인 현대대수학을 통해 구체적으로 확인할 수 있다. 여기에서는 수학적인 어려움으로 구체적인 언급은 생략하도록 한다.

수학자들의 시도를 범주화하여 현인들의 지적 추구 과정을 밟아가도록 한다.

정사각형의 배적 문제

2.1절에서 배적 문제의 유래에 대해서 두 가지 사건에 대해서 진술하였지만, 어쩌면 이 정사각형의 배적 문제의 해결이 정육면체의 배적 문제를 낳게 된 배경이 아닐까 하는 생각을 해 본다. 이런 유추를 하는 것은 5장에서 다루는 임의의 각을 3등분하는 작도에 대한 탐구도 특정한 일부 각들에 대해서는 그 주어진 각들을 3등분 할 수 있었다는 데서부터 출발하였기 때문이다. 어쨌든, 너무나 당연한 것이지만, 주어진 선분을 2배하는 것은 쉽다. 그리고 주어진 정사각형을 2배하는 문제도 쉽지는 않았지만 고대 그리스인들은 해결하였다. 당연히, 그러면 주어진 정육면체를 2배하는 것은 가능할까라는 의문을 제기할 수 있는 것이다.

인간의 호기심이 인간 사회를 발달시켜 온 것이라면, 지금 당장 답을 할 수 없더라도 어떠한 의문이라도 제기할 수 있는 것일 것이다. 그런 점에서 보면, 이 시점에서 배적 문제와 관련해서, 다음과 같은 의문들을 제기하는 것은 또 다른 수학탐구의 출발점이 될 수 있을 것이다.

문제 1 주어진 선분의 길이의 3배되는 길이를 가진 선분을 작도할 수 있는가?

문제 2 주어진 정사각형의 넓이의 3배되는 넓이를 가진 정사각형을 작도할 수 있는가?

문제 3 주어진 정육면체의 부피의 3배되는 부피를 가진 정육면체를 작도할 수 있는가?

문제 4 한 걸음 더 나아가, 주어진 정육면체의 부피의 4배되는 부피를 가진 정육면체를 작도할 수 있는가?

문제 5 일반화를 위해서, 주어진 정육면체의 부피의 n배되는 부피를 가진 정육면체를 작도할 수 있는가?

문제 6 방법적인 측면에서, 문제 1~문제 5에서 앞의 문제의 해결 방법이 뒤의 문제의 해결에 어떤 도움을 줄 수 있는가?

이제는 도형의 종류를 바꾸어서 문제를 만들어 보자.

문제 7 주어진 정삼각형의 넓이의 2배되는 넓이를 가진 정사각형을 작도할 수 있는가?

문제 8 주어진 정사면체의 부피의 2배되는 부피를 가진 정사면체를 작도할 수 있는가?

문제 9 문제 3~문제 5와 같은 문제들을 제기할 수 있다.

수학을 연구하는 사람들은 문제를 내는 사람과 문제를 푸는 사람의 두 부류로 나누어진다. 본 책에서 얻은 통찰 및 지혜로 이들 문제에 도전해 보기 바란다.

다시 배적 문제로 돌아가자. 배적 문제란 무엇인가? 이것은 정확하게 말하자면, 한 정육면체가 주어졌을 때, 이 정육면체의 부피 보다 2배 큰 부피를 가진 정육면체를 작도하는 것이다. 약 2400년 전의 그리스 수학자들은 자신들이 이 문제를 해결할 수 없다는 것을 믿을 수 없었다. 그 이유는 이들은 주어진 한 정사각형을 2배한 정사각형을 작도하는 것은 쉽게 증명할 수 있었기 때문이다. 메논에서, 플라톤은 소크라테스*Socrates*가 한 기하 수업을 받아 본 적이 없는 노예소년에게 정사각형 배적 문제를 가르치는 방법을 보이고 있다. 우리는 이것을 소크라테스의 방법(또는 대화법, 문답법, 산파술)이라고 부른다.

소크라테스의 방법이란 질문자의 질문들에 대한 답을 이끌어 내는 것이다. 결국 질문 받은 사람이 낸 답들이 증명을 형성하게 된다. 여기서는 소크라테스의 방법을 변형하여, 정사각형의 배적 문제를 해결해 본다.

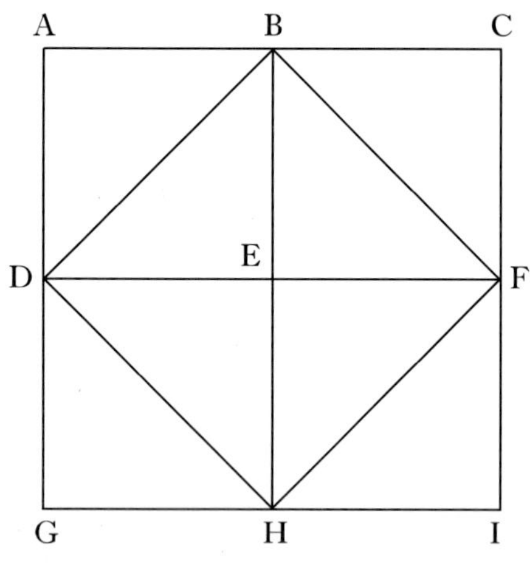

〈그림 3-1〉 주어진 정사각형의 넓이의 두 배 되는 정사각형 작도하기

증명 정사각형 EFHI가 있다(〈그림 3-1〉 참고). 이 정사각형의 각 변의 길이를 2배로 연장한다. 즉, HI는 G까지, IF는 C까지, EF는 D까지, EH는 B까지 연장한다. 이제 DG와 BC를 그린다. 이 두 선을 연장하여 만나는 점을 A라고 한다. 이제 우리는 큰 정사각형 ACGI를 얻었다.

이 큰 정사각형은 ACGI는 정사각형 EFHI의 4배이다. 4개의 대각선 각각은 4개의 작은 정사각형 각각을 이등분해서 8개의 합동인 삼각형을 만든다. 따라서 정사각형 BDHF의 넓이는 정사각형 EFHI의 넓이의 2배이다. ■

히포크라테스 : 배적 문제를 비례중항 찾기 문제로 변형

고대 그리스 사람들은 수와 식에 대한 대수적인 표현 방식을 가지고 있지 않았기 때문에, 이들은 대수적 방정식을 이용하여 이 문제에 접근할 수는 없었다. 대신에, 히포크라테스는 이 문제를 비율 문제로 변형시켰다. 주어진 문제를 풀 수 있는 방법을 찾기 어려울 때, 주어진 문제를 동형인 다른 문제로 변형하는 것은 문제 해결의 중요한 한 접근법이다. 히포크라테스가 변형한 두 문제를 살펴보도록 한다.

문제 1 밑면의 넓이가 a^2이고, 높이가 b인 직육면체가 주어져 있을 때, 이 직육면체와 같은 부피를 갖는 정육면체를 작도하시오.

이 문제를 해결하기 위해서, 문제에서 구하고자 하는 정육면체의 한 변의 길이를 x라 하면, $x^3 = a^2 b$를 만족하는 x를 작도해야 한다.

문제 2 길이가 a와 $2a$인 선분에 대해, $a : x = x : y = y : 2a$인 선분 x, y를 작도하시오.

주어진 비례식으로부터, $a : x = x : y$에서 $x^2 = ay$을 얻고, $x : y = y : 2a$에서 $y^2 = 2ax$을 얻을 수 있다. 이 두 등식을 연립하면 $x^3 = 2a^3$를 얻을 수 있다.

히포크라테스가 얻은 이 최종 식은 정육면체의 배적 문제에서 얻은 식과 같다(35쪽 참고). 따라서 배적 문제의 해결은 주어진 두 선분인 a, $2a$를 이용해서 $a : x = x : y = y : 2a$를 만족시키는 x를 작도하는 문제가 되었다.

히포크라테스가 배적 문제를 주어진 두 선분에 대한 두 비례중항을 찾는 문제로 변형한 후, 그 당시 및 후대의 수학자들은 배적 문제를 해결할 수 있는 새로운 길을 열 수 있었다. 이것을 이용해서, 수학자들은 배적 문제를 해결하려는 시도들을 하였다.

평면도형(다각형, 곡선)을 이용한 방법

메나에크무스 : 이차곡선

메나에크무스*Menaechmus*는 이차곡선*conics sections*을 이용해서 배적 문제를 두 가지 방법으로 해결하였다. 메나에크무스는 히포크라테스가 배적 문제를 변형한 $a:x=x:y=y:2a$으로부터 $x^2=ay$과 $y^2=2ax$을 얻을 수 있었다. 그리고 이 두 이차곡선을 그리면 원점과 다른 한 점에서 만난다(〈그림 3-2〉(a) 참고). 너무나 당연한 것이지만, 이 교점의 x좌표를 x라 하고, y좌표를 y라 하면, $y=\sqrt[3]{2}\,x$가 된다. 즉, x를 정육면체의 한 변의 길이라고 하면, y는 이 정육면체의 부피

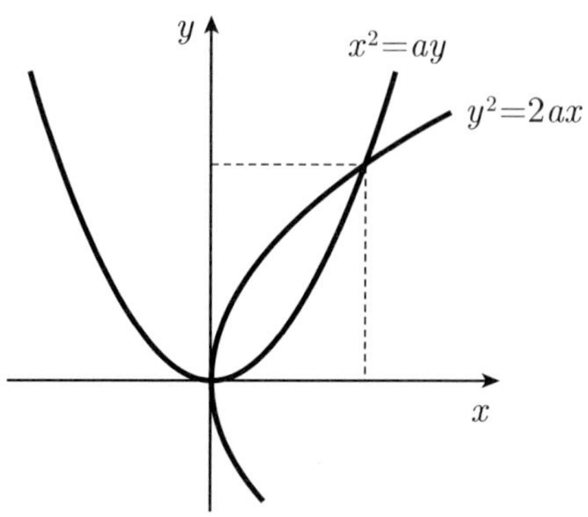

〈그림 3-2〉 (a) 메나에크무스의 접근 1

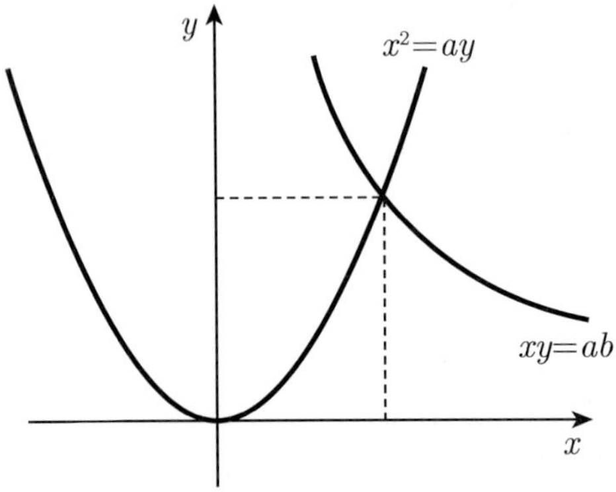

〈그림 3-2〉 (b) 메나에크무스의 접근 2

를 2배되게 해 주는 정육면체의 한 변의 길이이다.

마찬가지로, $a:x=x:y=y:2a$으로부터 $x^2=ay$, $y^2=2ax$를 얻고, 이 두 식으로부터 $xy=2a^2$을 구할 수 있다. 이제 두 이차곡선 $x^2=ay$와 $xy=2a^2$의 그래프를 그리면 〈그림 3-2〉(b)와 같다. 두 점 x와 y가 비례중항으로부터 온 것이기 때문에, x가 정육면체의 한 변의 길이일 때, y는 2배의 부피를 갖는 정육면체의 한 변의 길이가 된다.

아폴로니우스와 헤론의 원을 이용한 방법

아폴로니우스*Apollonius*와 헤론*Heron*은 원을 이용해서 배적 문제를 해결한다. 직사각형 ABCD에서 두 선분 AB와 AD가 서로 수직으로 만나고 있다. 직사각형 ABCD의 두 대각선의 교점을 E라고 하자. 점 E를 중심으로 하고, 반지름의 길이가 EB인 원을 그리면, 이 원은 사각형 ABCD에 외접하는 원이 된다.

여기서부터 아폴로니우스와 헤론은 약간의 차이가 있다. 먼저 아폴로니우스는 점 E를 중심으로 원을 그려서 선분 AD의 연장선과 선분 AB의 연장선 위에 점 G와 F를 잡을 때, 세 점 C, G, F는 한 직선 위에 있도록 하고, 점 G와 F는 한 원 위에 있도록 하였다. 반면, 헤론은 점 C를 지나는 직선을 그리는데, 자를 이용하여 점 C를 고정점으로 하여 천천히 미끄러지듯이 움직여서, 자가 선분 AB와 AD의 연장선과의 교점을 G, F라 할 때, 선분 EG와 EF의 길이가 같아지는 점 G와 F를 잡았다(〈그림 3-3〉 참고).

아폴로니우스의 방법이든, 헤론의 방법이든 결정되어지는 선분 GF가 사각형 ABCD의 외접원과의 교점을 각각 D, H라고 하면 〈그림 3-3〉과 같은 모양의 도형을 만들게 된다.

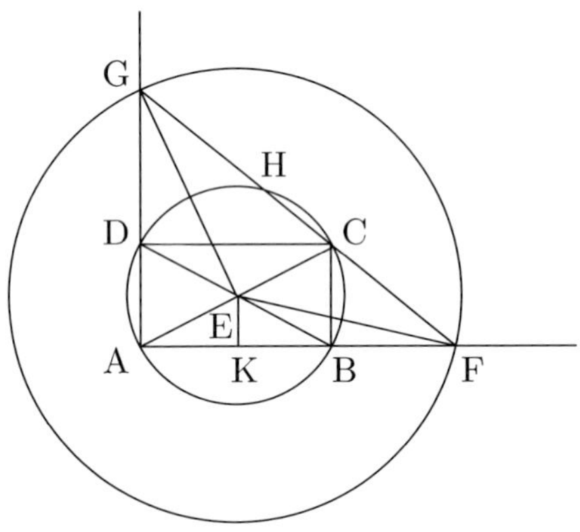

〈그림 3-3〉 아폴로니우스와 헤론의 원을 이용한 배적 문제 해결

이제 이 그림을 이용하여 배적 문제를 어떻게 해결할 수 있는지 살펴보자. 먼저 $AF \times FB = AG \times GD$가 성립한다. 왜냐하면, 점 K를 선분 AB의 중점이라고 한다면,

$$\begin{aligned} AF \times BF &= (FK + AK)(FK - BK) \\ &= (FK + BK)(FK - BK) \\ &= FK^2 - BK^2 \end{aligned}$$

이다. 즉, $AF \times BF + BK^2 = FK^2$이다.

양변에 KE^2을 더하면, $AF \times BF + BK^2 + KE^2 = FK^2 + KE^2$이 되는데, 피타고라스 정리에 의해서 $AF \times BF + BE^2 = EF^2$을 얻을 수 있다. 동일한 방법에 의해서, $AG \times GD + DE^2 = EG^2$을 얻을 수 있다. 그런데, 선분 BE의 길이와 선분 DE의 길이는 같고, 선분 EF의 길이와 선분 EG의 길이가 같으므로 $AF \times BF + DE^2 = EG^2$, $AG \times GD + DE^2 = EG^2$에 의해서 $AF \times BF = AG \times DG$가 성립한다.

따라서 $AF : AG = DG : BF$이고, 삼각형 GAF와 삼각형 GDC, 삼각형 CBF가 서로 닮음 삼각형이므로, $FA : AG = CD : DG = BF : BC$가 성립한다. 따라서 $CD : GD = GD : BF = FB : BC$가 성립한다. 그런데, $AB = CD$이고, $BC = AD$이므로, $AB : DG = DG : BF = FB : AD$이다.

그러므로, $AB = 2AD$이면 선분 BF의 길이가 배적 문제를 해결하게 하는 선분의 길이가 된다.

디오클레스 :
시소이드

디오클레스*Diocles*의 시소이드*Cissoid* 곡선은 원의 시소이드라고도 하는데 이는 디오클레스가 원을 이용해서 시소이드 곡선을 만들었기 때문이며, 이 곡선은 3차식으로 표현된다.

먼저 디오클레스의 시소이드 곡선에 대한 정의를 알아보도록 한다. 설명을 위하여 좌표평면 상의 한 점 $C(a, 0)$를 중심으로 하고 지름이 OA인 원이 하나 있다고 하자. 원점 O를 시작점으로 하는 임의의 반직선이 이 원과 만나는 점을 Q라고 한다. 반직선 OQ가 점 A를 지나는 접선과 만나는 점을 R라고 할 때, 선분 OR 위에 OP＝QR가 되도록 잡은 점 P의 자취로 이루어지는 곡선을 디오클레스의 시소이드 곡선이라고 한다(〈그림 3-4〉(a)와 〈그림 3-4〉 (b) 참고).

이 시소이드 곡선은 여러 가지 방법으로 그릴 수 있는데, 여기서는 3가지 방법을 소개한다. 첫 번째 방법은 위의 정의대로 그리는 것이다. 두 번째 방법은 다음과 같다. 한 원에서 서로 수직하는 두 지름 AB와 CD가 있다고 하자. 점 B를 중심으로 양쪽으로 같은 거리에 있는 두 점 E와 Z을 잡는다. 선분 CD에 수직인 ZH를 그리고, ED와 ZH가 점 X에서 만나도록 한다. E와 Z가 이 원의 원주를 따라 움직이면서 생기는 점 X의 자취가 시소이드 곡선이다. 세 번째 방법은 룰렛*roulette*을 이용하는 것이다. 룰렛이란 일정한 곡선 A에 접하면서 그 위를 다른 곡선 B가 미끄러지지 않고 굴러 갈 때, B 위의 고정된 점

P의 자취를 말한다. 시소이드를 그리기 위해서, 두 개의 합동인 포물선을 취하고, 이 두 포물선을 꼭짓점과 꼭짓점이 접하게 하고 하나를 다른 하나 위로 굴린다. 돌아가는 포물선의 꼭짓점이 그리는 자취가 시소이드 곡선이 된다.

첫 번째 방법으로 시소이드 곡선을 그리면 〈그림 3-4〉(a)와 〈그림 3-4〉(b)와 같다. 〈그림 3-4〉(a)는 한 점 P를 잡은 것이고, 〈그림 3-4〉(b)는 그러한 점들의 자취이다.

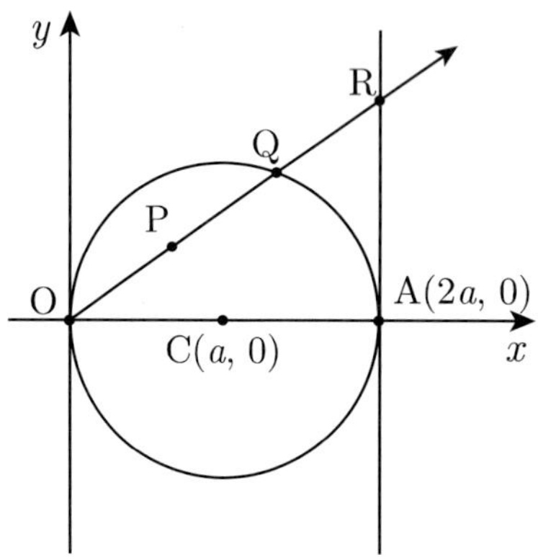

〈그림 3-4〉 (a) P점 찾기

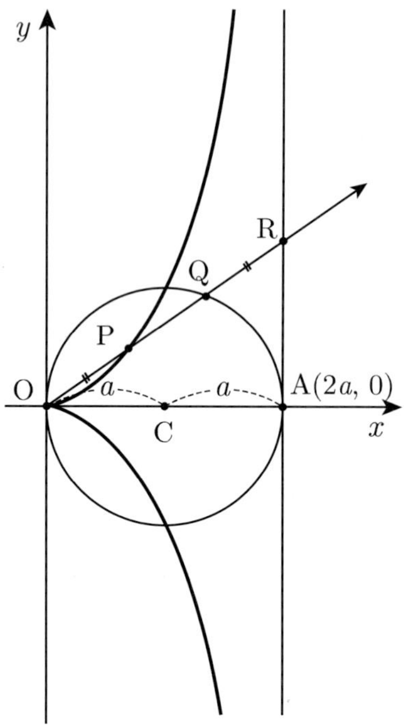

〈그림 3-4〉 (b) 시소이드 곡선

두 번째 방법으로 시소이드 곡선을 그리면 〈그림 3-5〉(a)와 〈그림 3-5〉(b)와 같다. 〈그림 3-5〉(a)는 한 점 X를 잡은 것이고, 〈그림 3-5〉(b)는 그러한 점들의 자취이다.

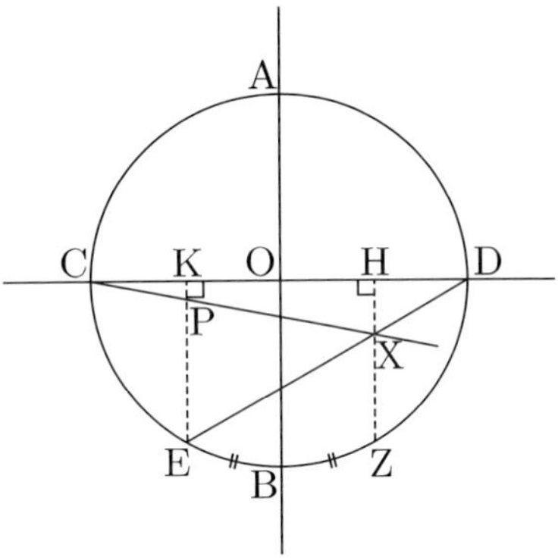

〈그림 3-5〉 (a) X점 찾기

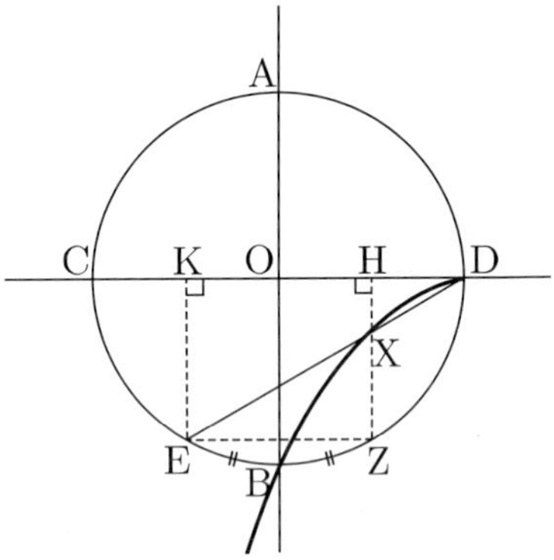

〈그림 3-5〉 (b) 시소이드 곡선

세 번째 방법인 룰렛을 이용하면 〈그림 3-6〉(a), 〈그림 3-6〉(b), 〈그림 3-6〉(c)와 같다. 〈그림 3-6〉(a)에서 처럼 x축 대칭인 두 이차함수의 그래프 (1), (2)가 주어져 있다. 꼭짓점을 P라고 할 때, (1)번 그래프를 (2)번 그래프 위로 미끄러지듯 〈그림 3-6〉(b) 처럼 이동시켜 보자. 이 때, (1)번 그래프 위의 점 P가 움직인 자취가 시소이드가 된다.

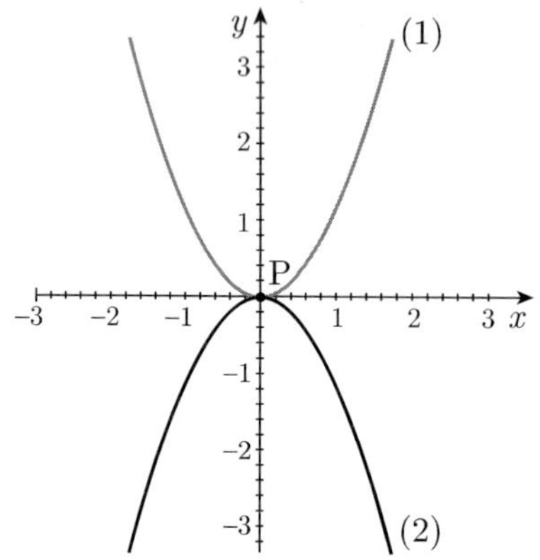

〈그림 3-6〉 (a) 두 포물선 위치시키기

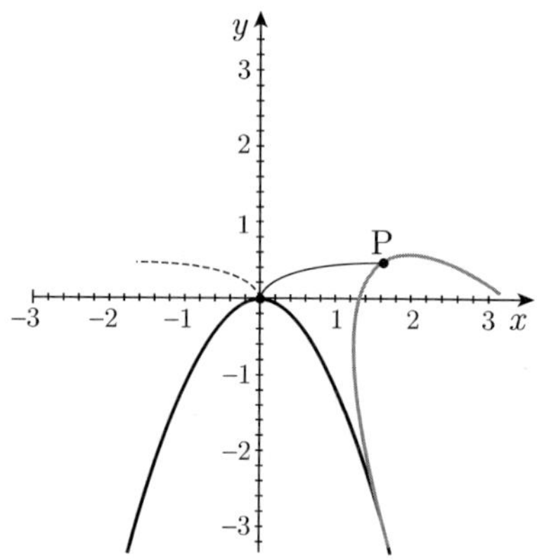

〈그림 3-6〉 (b) 한 포물선 굴리기

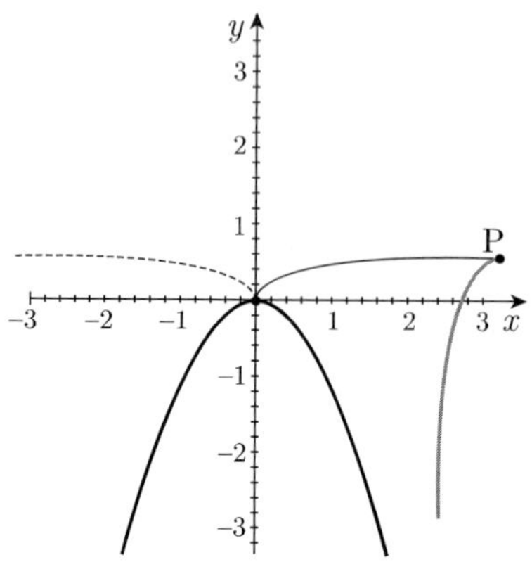

〈그림 3-6〉 (c) 룰렛을 이용한 시소이드 곡선

이제, 이 시소이드 곡선이 3차식임을 살펴보기 위해, 이 곡선의 자취방정식을 구하도록 한다. 위의 〈그림 3-4〉(a)에서, 주어진 원의 반지름은 a이고, 점 A의 좌표는 $(2a,0)$이다. 그러면, 점 A를 지나는 접선과 원 C에 대한 극방정식은 각각 $r=2a\sec\theta$과 $r=2a\cos\theta$이다. 그리고 시소이드의 정의에 의해, 원점과 시소이드 곡선상의 한 점 사이의 거리는 OR에서 OQ의 거리의 차와 같다. 다시 말해서, 이 시소이드의 극방정식은

$$r = 2a\sec\theta - 2a\cos\theta = 2a(\sec\theta - \cos\theta)$$

이다. 이 식을 삼각함수 공식들을 이용해서 정리하면

$$r = 2a\sin^2\theta/\cos\theta = 2a\sin\theta\tan\theta$$

를 얻을 수 있다. 여기서, $\tan\theta$를 t로 치환하면, 시소이드에 대한 매개방정식

$$x = r\cos\theta = 2a\sin^2\theta = \frac{2a\tan^2\theta}{\sec^2\theta} = \frac{2at^2}{1+t^2},\ y = tx = \frac{2at^3}{1+t^2}$$

을 얻을 수 있다. 이 극방정식을 직교좌표로 전환하면, $(x^2 + y^2)x = 2ay^2$을 얻을 수 있고, 이 식을 정리하면, 시소이드의 일반형인 $y^2 = \dfrac{x^3}{2a-x}$ 이 얻어진다.

증명 이제, 위의 시소이드 곡선들 중에서 〈그림 3-5〉(b)를 이용해서 배적 문제를 해결해 보도록 한다.

우리는 EK와 CD가 수직하도록 그렸다. 삼각형 DXH와 삼각형 DEK가 닮음이기 때문에, DH : HX=DK : KE이다. DK=CH이고 KE=HZ이기 때문에, DH : HX=CH : HZ를 얻을 수 있다. 삼각형 DZC가 직각삼각형이기 때문에, HZ^2=CH×DH이다. 이 식은 HZ : DH=CH : HZ로 변형할 수 있다. 이들 두 비례식을 한

꺼번에 놓으면, 우리는 CH : HZ=HZ : DH=DH : HX를 얻을 수 있다.

따라서, HZ와 DH는 CH와 HX의 비례중항이다. 배적 문제를 해결하기 위해서, 우리는 이제 CH : HX=2 : 1이 되는 시소이드 곡선 상의 한 점 X를 찾아야 한다. 이것은 OC : OP=2 : 1이 되는 점 P를 잡아 직선 CP와 시소이드 곡선이 만나는 교점을 X로 잡으면 된다. 그러면, 두 삼각형 OPC와 삼각형 HXC는 닮음이기 때문에, HX : HX=2 : 1이다. ■

니코메데스 : 두 선분

니코메데스*Nicomede*는 선분 AB와 선분 BC를 이용하여 배적 문제를 해결하고 있다. 먼저 선분 AB와 선분 BC를 두 변으로 가지는 직사각형 ABCD를 그린다. 선분 AB와 선분 BC의 중점을 각각 L, E라고 하자. 직선 DL를 긋고 이 직선이 선분 BC의 연장선과의 교점을 G라고 한다. 또한 선분 BC에 수직이면서 점 E를 지나는 직선을 긋고, $\overline{CF}=\overline{AL}$인 점 F를 잡고, 선분 GF를 긋는다. 점 C를 지나서 직선 GF에 평행인 직선을 긋고, 이 직선 위에 $\overline{CF}=\overline{AL}=\overline{HK}$인 점 H와 K를 잡는다(이를 위해서는 5장에 나오는 콘코이드Concoid를 이용하여야 한다. 점 F를 지주*pole*, 직선 CH를 기준자, 선분 AD를 거리로 하여 콘코이드를 그리면 점 K를 잡을 수 있다).

직선 DK를 긋고 선분 AB의 연장선과의 교점을 M이라고 하자.

그러면, 선분 CK, 선분 AM은 선분 AB와 선분 BC의 비례중앙이 된다(〈그림 3-7〉 참고).

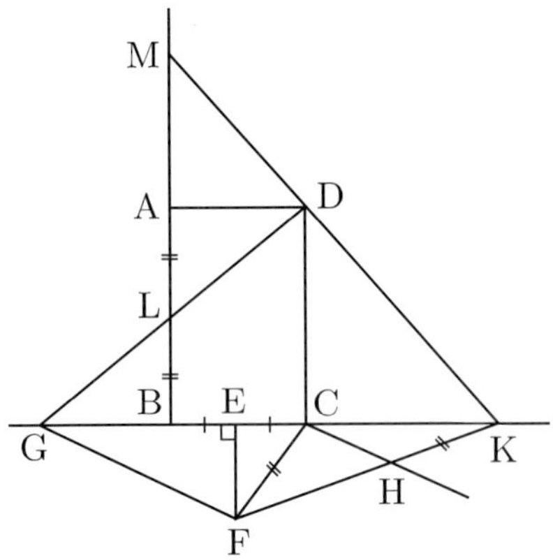

〈그림 3-7〉 니코메데스의 두 선분을 이용한 배적 문제 해결

증명 직사각형 ABCD가 한 원 위에 있다. 또한, 선분 BC의 중점이 E이고, 그 연장선 위에 점 K가 있으므로, $BK \times CK = EK^2 - CE^2$이 성립한다. 따라서, $BK \times CK + CE^2 = EK^2$이고, 양변에 EF^2을 더하면, $BK \times CK + CF^2 = KF^2$이다.

이제, 삼각형의 닮음에 의해서, $AM : AB = DM : DK = BC : CK$이다. 그런데 $AB = 2AL$이고, $BC = \frac{1}{2}CG$이므로 $AM : AL = GC : CK = FH : HK$이다. 또한, 합성(*componendo*, 즉, $P : Q = R : S$이면 $P : (P - Q) = R : (R - S)$이다.)에 의해서 $ML : AL = FK : HK$이다. 그런데 $AL = HK$이므로 $ML = FK$이고 $ML^2 = FK^2$이다.

이제, $ML^2 = BM \times AM + AL^2$이고, $BK \times CK + CF^2 = KF^2$이므로, $BM \times AM + AL^2 = BK \times CK + CF^2$이다. 또한, $AL = CF$이므로, $BM \times AM = BK \times CK$이다. 따라서 $CK : AM = BM : BK$

=CD : CK이다. 동시에, BM : BK = AM : AD이므로, CD : CK=CK : AM=AM : AD이 된다. 즉, AB : CK=CK : AM=AM : BC가 된다. ■

입체도형을 이용한 방법

아르키타스의 원환체

아르키타스

아르키타스*Archytas*의 풀이 방법은 그리스 시대에서 매우 특이한 방법이며 가장 주목할 만한 방법으로 인정되고 있다. 그 이유는 기존의 방법이 평면에서 이루어진 것과 비교해서 그의 방법은 입체에서 다루어지기 때문이다. 아르키타스는 직원뿔, 원기둥, 원환체의 교점을 이용하여 배적 문제를 해결하였다.

이제 구체적으로 아르키타스의 방법에 대해 살펴보자.

선분 AC와 AB 사이에 두 비례중앙을 찾는 것으로 생각해 보자. 먼저 AC를 지름으로 하는 원을 그리고, 이 원의 한 현을 AB라고 하자. 즉, $\mathrm{AB} : t_1 = t_1 : t_2 = t_2 : \mathrm{AC}$의 관계를 가지는 t_1, t_2를 찾을 수 있을 때, $\mathrm{AB} = \frac{1}{2}\mathrm{AC}$을 만족하면 t_1이 배적 문제를 해결하는 선분의 길이가 된다. 이에 대해 구체적으로 살펴보자.

평면 ABC에 수직이면서 선분 AC를 지름으로 하는 반원을 그리고, 이 반원을 점 A를 중심으로 하여 회전시켜 회전체를 그린다(이

도형을 원환체라고 부르자). 아래 그림에서 선분 AC의 길이와 선분 AC′의 길이는 같다(〈그림 3-8〉 참고).

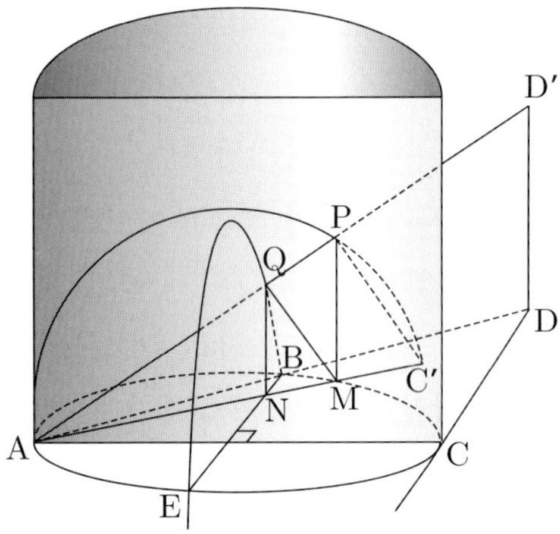

〈그림 3-8〉 아르키타스의 원환체를 이용한 배적 문제 해결

반원 ABC를 밑면으로 하는 반원기둥을 그린다. 그러면 이 반원기둥은 앞에서 그린 원환체와 만나는 부분이 어떤 곡선을 그리게 된다.

마지막으로 원 위의 한 점 C를 지나는 접선을 긋고, 선분 AB의 연장선과의 교점을 D라고 하자. 그 다음 삼각형 ADC를 직선 AC를 축으로 하는 회전체를 만들면, 반직원뿔이 만들어진다. 이 회전체를 점 B를 지나고 회전축에 수직인 평면 BQE로 절단하면 삼각형 ABC에 수직이고, 선분 BE를 지름으로 하는 반원이 생긴다. 이 때, 반직원뿔, 반원기둥, 원환체가 만나는 점을 P라고 하자.

반원 APC′은 평면 ABC에 수직이고, AC를 지름으로 하는 반원을 회전하여 얻어진 것이고, 선분 AC′이 원 ABC와 만나는 점을 M이라고 하자. 선분 PM을 연결하면 이 선분은 평면 ABC에 수직이 된다. 선분 AP가 지름을 BE로 하는 반원과의 교점이 Q이고, 선분 AC′과 선분 BE와의 교점을 N이라고 하자. 다음 선분 PC′, 선분 QM, 선분 QN을 연결한다.

그러면, 평면 ABC에 수직인 두 반원 APC′, 반원 EQB의 교선은 선분 QN이므로, 선분 QN은 평면 ABC에 수직이 된다.

따라서, 각 AQM이 직각이므로 $QN^2 = BN \times NE = AN \times NM$이다. 또한 각 APC′이 직각이므로 선분 MQ는 PC′은 평행이 된다. 그러므로 닮음인 삼각형의 쌍들이 생기게 된다. 닮음비에 의해서, $AC' : AP = AP : AM = AM : AQ$이므로 $AC : AP = AP : AM = AM : AB$이다.

즉, 선분 AB, 선분 AM, 선분 AP, 선분 AC는 등비수열을 이루게 되므로, $AB = \frac{1}{2}AC$인 선분 AB를 잡으면 배적 문제가 해결된다.

에우독수스 : 원환체의 정사영

아르키타스의 제자로 추정되는 에우독수스*Eudoxus*는 아르키타스가 제시한 직원뿔, 원기둥, 원환체를 한 평면에 정사영시킨 그림을 이용하여 배적 문제를 해결하고 있는데 구체적인 방법은 다음과 같다.

앞의 그림에서 삼각형 ABC 위에 원뿔과 원환체, 원기둥을 정사영시켜 〈그림 3-9〉을 얻을 수 있다.

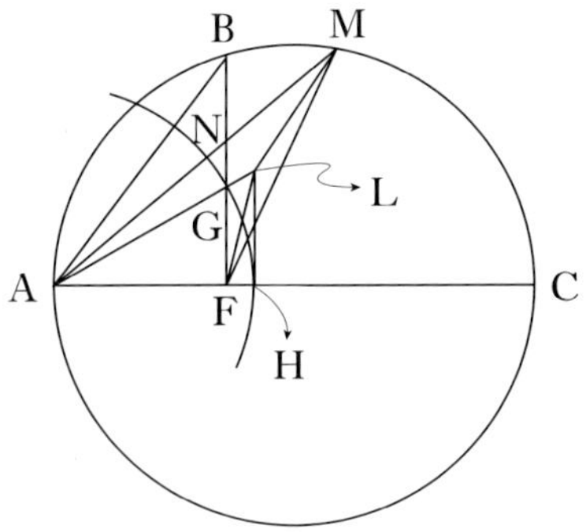

〈그림 3-9〉 원환체를 정사영시킨 결과

원 ABC에서 선분 AC는 지름, 선분 AB는 임의의 한 현이다. 여기서 선분 AB와 선분 AC 사이의 두 비례중앙을 찾으면 배적 문제가 해결되어질 수 있다.

계산의 편의를 위해 $AC = a$, $AB = b$라고 하자. 점 B에서 지름 AC에 내린 수선의 발을 F라고 하면, $AB^2 = AF \times AC$이므로 $AF = \frac{b^2}{a}$이다. 선분 BF 상의 임의의 한 점 G를 잡고, 직선 AG를 긋는다. 이 때, 각 GAF를 θ라고 하면 $AG = AF\sec\theta$를 얻을 수 있다.

점 A를 중심으로 하고 선분 AG를 반지름으로 하는 원을 그려서 선분 AC와 만나는 점을 H라고 하고, 점 H를 지난 선분 AC에 수직인 직선이 선분 AG의 연장선과의 교점을 L이라고 하면, $AL = AH\sec\theta = AG\sec\theta = AF\sec^2\theta$를 얻을 수 있다.

따라서 $\rho = AL$이라고 하면, $\rho = \frac{b^2}{a}\sec^2\theta$이므로 점 L은 원뿔과 원환체가 만나는 곡선의 정사영 위에 있는 점이 된다(연습문제 4번 참고).

선분 BF 위의 임의의 어떤 점을 선택하더라도 동일한 결과를 얻을 수 있다. 원뿔과 원환체가 만나는 곡선의 정사영은 원 ABC와 점 M에서 만나게 된다면, 선분 AM의 길이는 아르키타스의 도형에서의 선분 AM의 길이와 동일하게 된다. 즉, AM은 선분 AB와 선분 AC 사이의 두 비례중앙 중 한 비례중앙이 될 것이다. 다음으로, 아르키타스의 그림에서 선분 AP에 해당하는 두 번째 비례중앙은 다음의 관계에 의해서 간단하게 구해진다. 즉, $AM^2 = AB \times AP$에 의해서 AP를 구할 수 있다.

이로부터 선분 AB와 선분 AC 사이의 두 비례중앙인 선분 AM과 선분 AP를 구할 수 있고, 배적 문제도 해결될 수 있다.

기계적 도구를 이용한 방법

플라톤 :
목수의 곱자

플라톤은 일반적으로 기계적 도구를 이용해서 문제를 해결하는 것에 반대한 것으로 알려져 있기 때문에, 많은 수학사가들은 이 방법을 플라톤이 구안해낸 것이라는 데 동의하지 않는다. 하지만, 에우토시우스*Eutocius*가 집필한 책에 이 방법이 플라톤에 의한 것이라고 적혀 있다고 한다. 이 책은 현존하지 않아 그 진위를 확인할 수 없다.

증명 FGH를 목수의 곱자라고 하고, FG에 항상 수직이고, GH에 평행으로 이동 가능한 자 KL이 있다고 하자. 먼저 좌표평면을 하나 그린다. 그러고 나서, 음의 x축 위에 한 점 A를 고정시키고, 음의 y축 위에 한 점 B를 고정시킨다. 이제, 곱자와 자를 이 평면 위에 올려놓고, 자 KL을 움직여 A가 KL과 만나고, B가 GH와 만나고, G는 AO 위에 있도록 하고, K는 OB 위에 있도록 한다(〈그림 3-10〉 참고).

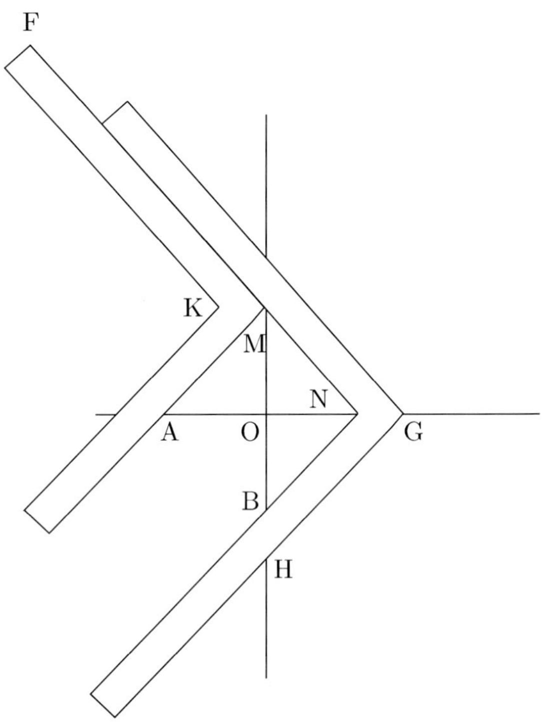

〈그림 3-10〉 플라톤의 곱자를 이용한 배적 문제 해결

위의 그림에서, 삼각형 OAM와 삼각형 OMN은 닮음이기 때문에, OA : OM = OM : ON이다. 또한, 삼각형 OMN와 삼각형 ONB가 닮음이기 때문에, OM : ON = ON : OB이다. 따라서 우리는 OA : OM = OM : ON = ON : OB를 얻는다. 즉, 우리는 처음에 좌표평면 위에 임의로 위치시켜 놓은 두 점 A와 B의 두 비례중항 M과 N을 찾았다.

에라토스테네스 : 직사각형 틀

에라토스테네스는 세 개의 합동인 직사각형 틀을 이용했다. 각 직사각형은 동일한 대각선을 가지고 있고, 각 직사각형은 밀 수 있어서, 두 번째 직사각형이 첫 번째 직사각형 안으로 밀려들어가고, 세 번째 직사각형은 두 번째 직사각형으로 밀려들어 갈 수 있다(〈그림 3-11〉(a)). 이 직사각형 틀에서, 각 직사각형은 합동이기 때문에, 각 직사각형에서 그린 3개의 대각선 AA′, XC, YD는 서로서로 평행하고, 따라서 두 개의 평행사변형 A′XCB와 XYDC을 얻는다.

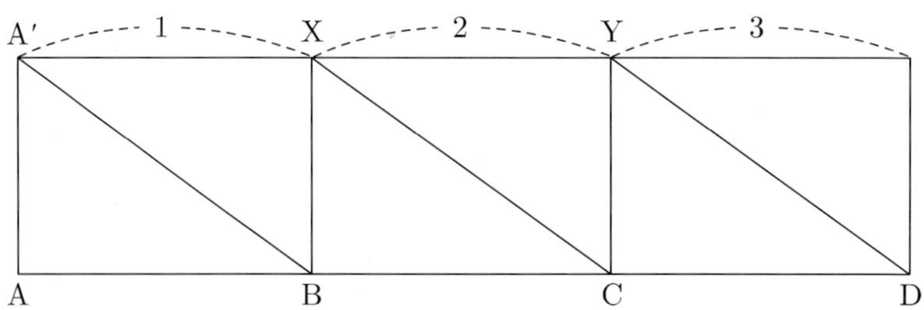

〈그림 3-11〉 (a) 에라토스테네스의 직사각형 틀

직사각형 틀 2와 직사각형 틀 3을 밀어서 〈그림 3-11〉(b)와 같이 만든다. 앞서 설명한 것처럼, 두 평행사변형을 민 것과 같기 때문에 여전히 A′B, B′C, C′D는 서로서로 평행하다.

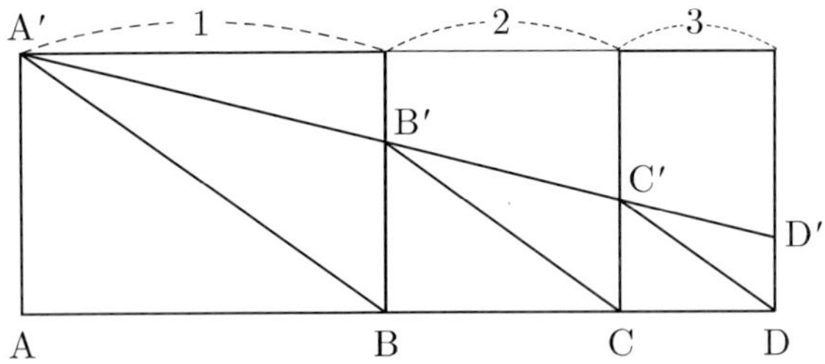

〈그림 3-11〉 (b) 직사각형 2와 직사각형 3을 민 상태

증명 A′D′의 연장선과 AD의 연장선이 만나는 교점을 O라고 하자(아래 〈그림 3-11〉 (c) 참고). AA′와 BB′가 평행이기 때문에, OA′ : OB′ = OA : OB이다. 그리고 A′B와 B′C가 평행하기 때문에, OA′ : OB′ = OB : OC와 같다. 그러므로, OA : OB = OB : OC이다. 또한, OA′ : OB′ = AA′ : BB′ = BB′ : CC′이다. 같은 방법으로, BB′ : CC′ = CC′ : DD′이다. 따라서, AA′ : BB′ = BB′ : CC′ = CC′ : DD′이다. 따라서, BB′와 CC′는 주어진 두 선분 AA′와 DD′에 대한 두 비례중항이다.

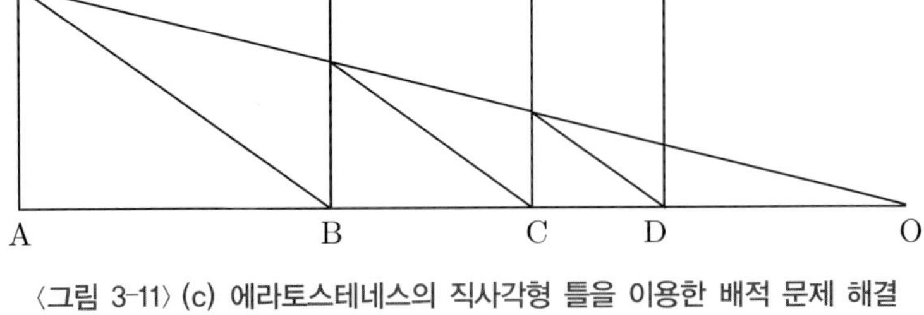

〈그림 3-11〉 (c) 에라토스테네스의 직사각형 틀을 이용한 배적 문제 해결

연습문제

1. 삼각형 ABD, 삼각형 ADC, 삼각형 ABC는 서로 서로 닮은 도형이다. 이 세 삼각형이 닮은 도형임을 보이고, 각 도형의 변들 사이의 닮음비를 구하시오.

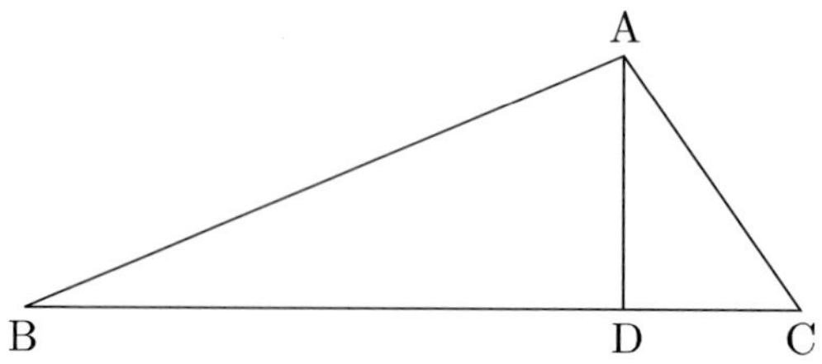

2. 2장 2절 1항에서 제시한 문제들을 해결하시오.

3. 아르키타스의 방법을 해석기하학적인 측면에서 분석해 보자. 즉, 원뿔, 원기둥, 원환체를 x, y, z에 대한 식을 표현해 보고 아래 그림에서 AM이 AB의 $\sqrt[3]{2}$배임을 보이시오.

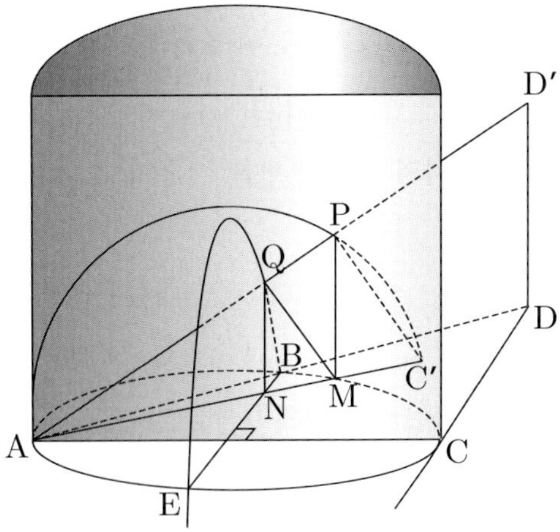

풀이 직선 AC를 x축으로 하고 점 A를 지나면서 직선 AC에 수직인 직선을 y축으로 하고, 점 A를 지나면서 직선 PM에 평행인 직선을 z축으로 하면, 점 P는 다음 세 도형의 교점으로 결정되어진다.

첫째, 원뿔이 방정식은 $x^2+y^2+z^2=\dfrac{a^2}{b^2}x^2$이다.

둘째, 원기둥의 방정식은 $x^2+y^2=ax$ 이다.

셋째, 원환체의 방정식은 $x^2+y^2+z^2=a\sqrt{x^2+y^2}$ 이다.

첫째와 둘째 식에 의해서 $x^2+y^2+z^2=\dfrac{(x^2+y^2)^2}{b^2}$ 이고,

이 식과 셋째 식으로부터,

$$\frac{a}{\sqrt{x^2+y^2+z^2}}=\frac{\sqrt{x^2+y^2+z^2}}{\sqrt{x^2+y^2}}=\frac{\sqrt{x^2+y^2}}{b}$$ 이다.

즉, $AC:AP=AP:AM=AM:AB$이다. 즉, $AC=2AB$이면 $AM^3=2AB^3$이므로 정육면체의 부피를 2배로 만들 수 있다.

4. 에우독수스의 방법에서 $\rho = \mathrm{AL}$이라고 할 때, $\rho = \frac{b^2}{a} sec^2\theta$ 이므로 점 L은 원뿔과 원환체가 만나는 곡선의 정사영 위에 있는 점이 되는 이유를 위의 4번 문제를 이용하여 설명하시오.

풀이 원뿔이 방정식은 $x^2 + y^2 + z^2 = \frac{a^2}{b^2}x^2$이고, 원환체의 방정식은 $x^2 + y^2 + z^2 = a\sqrt{x^2 + y^2}$ 이므로, 이 두 입체도형을 평면 ABC 위에 정사영시킨 방정식은 $x^2 + y^2 = \frac{a^2}{b^2}x^2$과 $x^2 + y^2 = a\sqrt{x^2 + y^2}$ 이다. 이 두 곡선이 서로 만나는 곡선은 두 식을 연립해서 얻은 식과 같으므로 $x^2 = \frac{b^2}{a}\sqrt{x^2 + y^2}$ 이 된다. 그런데, 이 식을 점 A를 극으로 하고 직선 AC를 축으로 하는 극형식으로 나타내면 $\rho = \frac{b^2}{a\cos^2\theta}$ 이다. 그런데, 이 값이 선분 AL의 길이와 동일하므로 점 L은 원뿔과 원환체의 교선에 대한 정사영 위의 곡선에 있게 된다.

Chapter IV

원적 문제 해결을 위한 노력과 곡선 및 기구

- 원주율의 역사
- 원적 문제의 근사적 접근 : 아르키메데스의 착출법
- 나선을 이용한 원적 문제 해결
- 원적 문제의 불가능에 대한 증명

원주율의 역사

원주율의 개요

원주율 π의 어원은 「주위」라는 그리스어 περιφερεια의 머리 글자이다. π를 기호로 처음 사용한 사람은 윌리암 존스*William Jones*인데, 이때는 「주위*periphery*」라는 뜻으로 π를 사용하였다. 그런데, 오일러가 그의 유명한 책 '해석학'에서 원주율 기호로 π를 사용하면서 일반적으로 π를 사용하게 되었다고 한다. 그러나 원주율 π를 누가 처음으로 사용하였는가 하는 점에 대해서는 확실하지 않다.

원주율은 원의 지름에 대한 둘레의 비율을 나타내는 수학 상수이다. 원주율은 수학과 물리학의 여러 분야에 두루 쓰인다. 이 상수를 그리스 문자 π로 표기하고, 파이(pi)라고 읽는다. 원주율은 수학에서 다루어지는 가장 중요한 상수 가운데 하나로, 무리수인 동시에 초월수[6])이다. 아르키메데스의 계산이 널리 알려져 있어 '아르키메데스의 상수'라고 부르기도 하며, 독일에서는 1600년대 루돌프 판 체울렌*Ludolph van Ceulen*이 소수점 이하 35자리까지 원주율을 계산한 이후 '루돌프 수'라고 부르기도 한다.

유클리드 평면에서 원은 크기와 관계없이 항상 닮은 도형이다. 따

6) 초월수*transcendental number*는 계수가 유리수인 어떤 다항 방정식의 해도 될 수 없는 복소수이다. 다항 방정식의 해가 될 수 있는 수인 대수적 수와 반대 개념이다. 실수인 초월수는 모두 무리수이다. 하지만 그 역은 성립하지 않는다.

라서 원의 지름의 길이에 대한 둘레의 길이의 비는 언제나 일정하며, 이를 원주율이라 한다. 즉, 원의 지름을 d, 둘레를 c라 하면 원주율 π는 다음의 식으로 나타낼 수 있다.

$$\pi = \frac{c}{d}$$

원주율을 나타내는 기호 π는 1706년 영국의 수학자 윌리엄 존스에 의해 쓰이기 시작했다. 윌리엄 존스는 '특정 도형의 길이나 넓이를 구하는 계산에 매우 유용한 여러 가지 방법이 있다. 원을 예로 들면 지름이 1인 원의 둘레를 약 $3.14159\cdots = \pi$로 표기하는 것이다.'라고 기호 π의 사용을 제안하였다.

원주율 π가 무리수라는 것은 1761년 요한 하인리히 람베르트 *Johann Heinrich Lambert*가 증명했다. 원주율의 소수점 이하에서 나타나는 수열은 임의 표집에 의해 만들어지는 난수표와 같은 성질을 보인다. 원주율은 십진법으로는 정확한 값을 표기할 수 없기 때문에 실제 계산에서는 근삿값을 이용한다.

원주율 계산의 역사

여기에서 아르키메데스의 유명한 얘기를 살펴보자. 고대 그리스의 아르키메데스는 수학이나 물리학을 연구하여 여러 가지를 발명, 발견한 사람이다. 그는 작은 힘으로 큰 물건을 움직일 수 있는 지레의 원리를 발견했다. 이 원리를 사용하여 큰 배를 움직이기도 하였다.

그는 '나에게 큰 지렛대와 받침점을 주면 지구라도 움직여 보이겠다'고 말했다. 또한, 비중의 이론을 사용하여 왕관이 순금이 아님을 증명한 얘기는 너무도 유명하다.

그는 원에 대해서 연구하여 원주의 길이와 원의 넓이를 구하는 공식을 발견하고 원주율 π의 근삿값도 발견했다. 그는 기원전 3세기에 π의 근삿값은

$$3+\frac{10}{71}<\pi<3+\frac{1}{7}$$

이라고 하여, $\pi \fallingdotseq \frac{211875}{67441} \fallingdotseq 3.14163$을 구했다.

그의 방법을 좀 더 자세히 살펴보면 다음과 같다.

정다각형을 원에 내접시키고 그 변의 수를 점차 증가시킴으로써 원주의 길이를 계산하는 방법으로 원주율의 계산에 사용되었다. 이 방법으로 아르키메데스는 원에 내접하는 정 6, 12, 24, 48각형의 둘레 길이를 계산하고, 끝으로 원에 내접하는 정96각형의 둘레를 계산하여 원주율은 $3\frac{10}{71}$보다 크다는 것을 발견했다. 다시 원에 외접하는 정96각형의 둘레를 계산하여 원주율은 $3\frac{1}{7}$보다 작다는 것을 발견했다. 이것을 부등식으로 나타내면 위와 같은 소수로 나타내면

$$3.140845\cdots\cdots<\pi<3.142857\cdots\cdots$$

이다.

그 후 여러 수학자가 같은 방법으로 원주율을 계산했다. 그러나 그의 계산 결과로는 소수 둘째자리까지 밖에 올바르게 계산하지 못

했기에 원주율은 3.14가 되었다.

만약, 정n각형의 한 변에 대한 내각의 절반을 $\theta = \frac{\pi}{n}$이라고 하면, 내접하는 변의 길이는,

$$i = 2r\sin\theta \qquad ①$$

이고 외접하는 변의 한 변의 길이는

$$c = 2r\tan\theta \qquad ②$$

이다. 원의 둘레 C에 대하여 다음이 성립하고,

$$ni < C < nc$$

여기에 ①과 ②를 대입하고 $2r$로 나누면

$$n\sin\theta < \pi < n\tan\theta \qquad ③$$

이다. 원래의 변의 수를 두 배씩 k번 하면,

$$2^k n\sin\left(\frac{\theta}{2^k}\right) < \pi < 2^k n\tan\left(\frac{\theta}{2^k}\right) \qquad ④$$

이 되고, k를 충분히 크게 하면 부등식의 양변은 π에 한없이 가까워진다. 물론 아르키메데스는 삼각함수를 사용하지는 않았다.

그러나 $n = 6$일 때, $\sin\theta = \frac{1}{2}$, $\tan\theta = \frac{\sqrt{3}}{3}$을 피타고라스 정리를 이용하여 구했는데, 식 ④의 나머지 부분은 반각 공식을 계속 사용하면 얻을 수 있다.

또한, 아르키메데스는 원의 면적이 πr^2임을 증명하였다. 아르키메데스는 그의 저서 '구와 원기둥'에서 어떠한 크기가 주어지더라도 임의의 크기에 적당한 수를 곱하여 주어진 크기를 초과할 수 있다고 가정하였다. 이를 실수에서의 아르키메데스 성질[7]이라고 한다. 아르키메데스는 '원의 측정'에서 3의 제곱근을 다음과 같이 계산하였다.

$$\frac{265}{263} < \sqrt{3} < \frac{1351}{780} \approx 1.7320261 < \sqrt{3} < 1.7320512$$

$$\sqrt{3} \approx 1.7320508$$

아르키메데스의 이 계산은 매우 정확한 것이다. 하지만 그는 계산 과정을 따로 밝히지는 않았다. 17세기 영국의 수학자 존 월리스는 '아르키메데스는 적분 계산법의 비밀을 후대에 넘겨주는데 너무나도 인색하였다'고 아쉬워하였다.

고대의 여러 문화에서 원주율의 값으로 3이 쓰였다. 고대 메소포타미아에서도 원주율을 3으로 계산하였고, 고대 중국의 수학책인 '구장산술'[8]에서도 원주율로 3을 제시하였다. '구장산술'에는 다음과 같은 문제가 실려 있다.

---

7) 아르키메데스 성질이란 고대 그리스 수학자 아르키메데스의 이름을 딴 성질로서, 어떤 군*group*, 체*field* 또는 다른 대수적 구조*algebraic structures*에서 성립하는 성질을 가리킨다. 간단하게 말하면, 대수적 집합 내에 무한히 큰 또는 작은 원소가 없는 것을 의미한다.

8) 구장산술(九章算術)은 중국에서 가장 오래된 수학서로, 저자는 알려져 있지 않다. 위(魏)의 유휘가 263년에 주석을 써서 정본이 되었다. 그 내용은, 방전(方田)이 20문, 속미(粟米)가 46문, 쇠분(衰分)이 20문, 소광(少廣)이 24문, 상공(商工)이 28문, 균수(均輸)가 28문, 영부족(盈不足)이 20문, 방정(方程)이 18문, 구고(勾股)가 24문, 도합 9장으로 되어 있다.

원문	번역
今有圓田周三十步經十步問爲田幾何 答曰七十五步	둘레가 30걸음, 지름이 10걸음인 원 모양의 밭이 있다면 넓이는 얼마인가? 답 : 75걸음²

원주율의 근삿값을 3.14로 할 때 오늘날의 계산은

$$\pi \times 5^2 = 3.14 \times 5^2 = 78.5$$

이 된다.

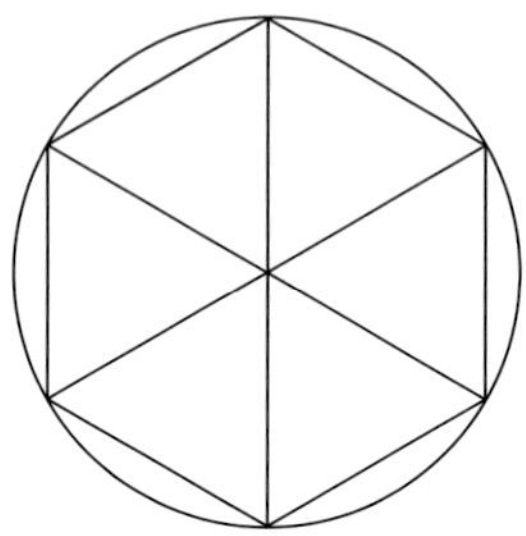

〈그림 4-1〉 원주율로 3을 사용하는 것이 틀렸음을 보이는 반례의 한 예

이러한 계산이 매우 부정확한 것이란 점은 〈그림 4-1〉을 보면 쉽게 알 수 있다. 지름이 1인 원에 내접하는 정육각형의 둘레는 3이고 실제 원의 둘레는 그것보다 상당한 차이를 보이기 때문이다. 이는 고대에서부터 이미 널리 알려진 문제였고 보다 정확한 값을 구하기 위한

노력이 계속되었다. 고대 이집트에서는 원통형 바퀴를 굴려 직접 측정함으로써 원주율을 계산하였는데 $256/81 = 3.16049\cdots$ 를 사용하였다.

아르키메데스는 그의 저서 '구와 원기둥'에서 어떠한 크기가 주어지더라도 임의의 크기에 적당한 수를 곱하여 주어진 크기를 초과할 수 있다고 가정하였다. 이를 실수에서의 아르키메데스 성질이라고 한다.

중국의 삼국시대 위나라 수학자 유휘[9]는 '구장산술'에 주해를 달아 다시 출판하였는데, 아르키메데스와 같은 방법을 사용하여 원주율을 $157/50 = 3.14$로 계산하였다. 유휘의 원주율 근삿값은 오늘날에도 일상생활에서 사용된다.

약 480년경 중국의 조충지는 π의 근삿값으로 $355/113=3.1415929\cdots$을 만들었는데, 이 값은 소수점 여섯째 자리까지 정확하다. 약 1150년경 인도 수학자 바스카라는 π의 값을 $3927/1250 = 3.1416$으로 구했다. 1650년 영국의 수학자 월리스는 다음과 같은 재미난 식을 만들었다.

$$\frac{\pi}{2} = \frac{2 \cdot 2 \cdot 4 \cdot 4 \cdot 6 \cdot 6 \cdot 8 \cdots}{1 \cdot 3 \cdot 3 \cdot 5 \cdot 5 \cdot 7 \cdot 7 \cdots}$$

9) 유휘(劉徽)는 고대 중국의 수학자로서 활동 시기는 삼국 시대이고, 위(魏)나라 사람으로 전해지고 있다. 주요 저서는 『해도산경』, 『구장산술주』 등이 있다. 『구장산술주』에서 유휘는 원주율를 계산하는 과학적 방법인 "할원술(割圓術)"을 기술했는데, 현재의 무한등비급수와 유사한 방법을 적용하여 아르키메데스보다 훨씬 더 정밀한 원주율 값을 계산해 내었다.

2005년 일본 도쿄대학교의 가네다 야스마사 교수는 컴퓨터를 601시간 56분 사용하여 소수점 1,241,100,000,000자리까지의 원주율을 구하였다. 2009년 '도쿄신문'에 의하면, 일본 쓰쿠바대학 계산과학연구센터는 슈퍼컴퓨터에 의한 원주율 계산에서, 2조 5769억 8037만 자리수의 세계기록을 수립했다고 한다. 그 이후 프랑스에서는 2조 7천억 자리까지 계산하였다. 2010년 8월 3일에는 일본의 한 회사원이 소수점 이하 5조 자리까지 계산하였다. 컴퓨터가 도입되기 이전에 가장 긴 자리수의 원주율을 계산한 사람은 영국의 수학자 샹크스 *Shanks*였다. 그는 15년이나 걸려 1873년께 소수점 이하 707자리까지 원주율 값을 계산해냈다. 하지만 후에 그의 계산은 528자리까지만 정확한 것으로 밝혀졌다. 원주율의 계산에 컴퓨터가 도입된 이후 원주율의 계산은 단순 알고리듬의 무한 반복에 불과한 작업이 되어 더 이상 수학적 의미를 지니지는 않는다. 이 계산은 종종 컴퓨터의 성능을 시험하기 위한 방법으로 사용된다.

원주율에 대한 증명

(1) π의 값이 무리수임을 증명

π의 값이 무리수라는 것은 1761년에 요한 하인리히 람베르트가 증명했다. 람베르트는 다음과 같이 탄젠트 함수의 연분수 전개식을 이용하여 이를 증명하였다.

$$\tan(x) = \cfrac{x}{1 - \cfrac{x^2}{3 - \cfrac{x^2}{5 - \cfrac{x^2}{7 - \ddots}}}}$$

x가 0이 아닌 유리수일 때 위에 전개된 연분수를 십진기수법으로 나타내면 언제나 순환하지 않는 소수가 되므로 항상 무리수가 된다. 한편, $\tan\frac{\pi}{4} = 1$ 이므로 $\frac{\pi}{4}$는 반드시 무리수여만 한다. 따라서 π 역시 무리수이다. π의 값이 무리수임을 증명하는 다음의 방법도 있다.

만약

$$f(x) = F''(x) + F(x)$$

라고 하면

$$\frac{d}{dx}\{F'(x)\sin x - F(x)\cos x\} = \{F''(x) + F(x)\}\sin x$$
$$= F(x)\sin x$$

따라서,

$$\int_0^\pi f(x)\sin x dx = F(\pi) + F(0) \qquad ①$$

지금 π를 유리수 $\frac{a}{b}$라 하고

$$f(x)=\frac{1}{n!}x^n(a-bx)^n \qquad ②$$

으로 놓으면

$$f(0),\ f'(0),\ \cdots,\ f(\pi),\ f'(\pi),\ \cdots$$

가 정수임을 알 수 있다. 이 경우,

$$F(x)=f(x)-f^{(2)}(x)+f^{(4)}(x)-\cdots\cdots+(-1)^n f^{(2n)}(x)$$

에 대하여

$$f(x)=F''(x)+F(x)$$

따라서, 식 ①이 성립하고 ①의 값이 정수가 됨을 알 수 있다. 그런데

$$0 \leqq x \leqq \pi=\frac{a}{b}$$

$$0 \leqq a-bx \leqq a$$

$$0 \leqq f(x)\sin x \leqq f(x) \leqq \frac{\pi^{n+1}a^n}{n!}$$

이므로

$$0<\int_0^\pi f(x)\sin x dx<\frac{\pi^{n+1}a^n}{n!}$$

이 우변의 값은 충분히 큰 n에 대하여 1보다 작은 값이 됨을 알 수

있다. 따라서 앞에서 말한 ①의 우변이 정수가 된다는 것과 모순이 된다.

(2) π의 값이 초월수임을 증명

π의 값이 초월수라는 것은 오일러 등식을 이용하여 다음과 같이 증명할 수 있다. 오일러 등식은,

$$e^{\pi i}+1=0$$

이다. 이 때 π가 정수 계수 대수방정식 $\xi(x)=0$의 근이라면 $\xi(\pi)=0$이다. 따라서 $\xi(\pi)\cdot\xi(-\pi)=0$ 역시 성립하여야 한다. 이제 $y=i\pi$라 하면 $\pi=-iy$ 이고 $-\pi=iy$ 가 되므로, $i\pi$는 다음의 식으로 나타낼 수 있는 정계수 대수방정식을 만족시켜야 한다.

$$\xi(\pi)\cdot\xi(-\pi)=\Psi(y)=0$$

이제 $\Psi(y)=0$을 v차원의 방정식이라 하면 그 근인 $y_1,\ y_2, \ldots\ldots,\ y_\nu$에는 $i\pi$가 존재하여야 하므로, 오일러 등식에 의하여 다음과 같이 나타낼 수 있다.

$$(1+e^{y_1})(1+e^{y_2})\cdots(1+e^{y_v})=0$$

그런데 이러한 관계를 만족하는 대수방정식의 근이 유리수라고 가정하면 무한히 약분되어 이를 기약분수로 표현할 수 없는 모순이 생긴다. 유리수가 기약분수로 표현될 수 없다는 것은 유리수의 정의에 어긋나므로 π가 정계수 대수방정식 $\xi(x)=0$의 근이라는 최초의 가

정이 잘못되었다고 볼 수밖에 없다. 즉, π는 초월수이다.

(3) π의 값을 구하는 여러 가지 방법

π는 무리수이기 때문에 그 값은 근삿값으로 밖에 알 수 없다.

대부분의 계산에는 3.14나 $\frac{22}{7}$라는 근삿값을 사용해도 충분하다. $\frac{355}{113}$은 외우기 좋고, 정밀도도 좋은 π의 근삿값이다. 좀 더 정밀한 기술의 계산에서는 3.1416 또는 3.14159 등을 사용하기도 한다. 기상예보나 인공위성 등의 계산에는 소수점 아래 30자리까지 나아간 근삿값을 사용하고 있다.

① 라이프니츠의 공식

이렇게 불규칙적인 패턴을 가지는 원주율은 다음과 같이 규칙적인 수식을 이용하여 계산할 수 있다. 보다 정확한 값을 얻으려면 수식을 연장하기만 하면 된다.

$$\pi = 4\left(\frac{1}{1} - \frac{1}{3} + \frac{1}{5} - \frac{1}{7} + \frac{1}{9} - \frac{1}{11} + \frac{1}{13} - \frac{1}{15} \cdots\right)$$

위의 식은 고트프리트 빌헬름 라이프니츠가 전개한 것으로 흔히 라이프니츠의 공식으로 불린다.

② 기하학적 방법

$n \geqq 2$에 대하여

$$a(n+1) = 2^n \sqrt{2 - 2\sqrt{1 - \left(\frac{a(n)}{2^n}\right)^2}}$$

$$b(n) = \frac{a(n)}{\sqrt{1 - \left(\frac{a(n)}{2^n}\right)^2}} \qquad [\text{단}, \ a(1) = 2]$$

로 나타내어지는 $a(n)$은 지름이 1인 원에 내접하는 정2^n각형의 둘레의 길이이며, $b(n)$은 외접하는 정2^n각형의 둘레의 길이이다.

삼각함수로 나타내면

$$a(n) = 2^n \sin\frac{\pi}{2^n}, \quad b(n) = 2^n \tan\frac{\pi}{2^n}$$

이다.

지름의 길이가 1인 원주는 π이므로

$$a(n) < \pi < b(n)$$

이다.

③ 무한곱으로 표시하는 방법

$$\theta = \frac{\sin\theta}{\cos\frac{\theta}{2}\cos\frac{\theta}{4}\cos\frac{\theta}{8}\cdots\cdots\cos\frac{\theta}{2^n}\cdots}$$

이므로, 이 식에 $\theta = \frac{\pi}{2}$를 대입하면

$$\frac{2}{\pi}=\sqrt{\frac{1}{2}}\sqrt{\frac{1}{2}+\frac{1}{2}\sqrt{\frac{1}{2}}}\sqrt{\frac{1}{2}+\frac{1}{2}\sqrt{\frac{1}{2}+\frac{1}{2}\sqrt{\frac{1}{2}}}}\times\cdots$$

을 얻는다. 이것을 비에타*Vieta*의 공식이라고 한다.

원적 문제의 근사적 접근 : 아르키메데스의 착출법

고대인들은 무리수 π의 존재에 대해 몰랐기 때문에 원의 넓이를 구하기 위해 주어진 원과 같은 넓이를 가진 정사각형을 작도하려고 시도하였다. 이 문제에 대한 접근으로 고대 그리스에서는 근사적 방법과 정확한 방법을 찾았다고 전해진다.

원적 문제에 대한 근사적 방법을 살펴보자.

고대 그리스인들은 원의 넓이를 구하기 위해서 주어진 원에 내접하는 정다각형과 외접하는 정다각형을 이용하였는데, 이것은 결국 원주율 π의 근삿값을 구하는 문제로 되돌아간다. 이에 관련된 연구 중 하나는 아르키메데스의 연구에서 찾아볼 수 있다.

그는 논문 '원의 측정'에서 원에 내접하는 정다각형과 외접하는 정다각형을 이용하여 원주율 π의 근삿값으로 $3\frac{10}{71}<\pi<3\frac{10}{70}$을 찾았다. 그의 이 방법을 자세히 살펴보면 다음과 같다.

원에 내접하는 정n각형과 외접하는 정n각형의 둘레의 길이를 각각 I_n, C_n이라 하면, 원주의 길이는 I_n과 C_n 사이에 있다. 이 때, n을 크게 하면, $C_n - I_n$의 값은 작아지며, n을 무한히 크게 하면, 원주의 길이를 구할 수 있다.

아르키메데스는 $I_{2n} = \sqrt{I_n \cdot C_n}$, $C_{2n} = \dfrac{2C_n \cdot I_n}{C_n + I_n}$임을 밝히고, $I_6 = 6$, $C_6 = 4\sqrt{3}$을 잡아, π의 값이

$$3\frac{10}{71} < \pi < 3\frac{10}{70}$$

임을 보였다.

여기서 $I_{2n} = \sqrt{I_n \cdot C_n}$, $C_{2n} = \dfrac{2C_n \cdot I_n}{C_n + I_n}$의 이유를 살펴보자.

아래 〈그림 4-2〉에서 원 c의 중심을 O라 하고, $\overline{AB}$는 원에 내접하는 정n각형의 한 변이고, $\overline{\mathrm{AC}}$와 $\overline{\mathrm{CB}}$는 내접하는 정$2n$각형의 변들이라 하고, $\overline{\mathrm{EF}}$는 외접하는 정$2n$각형의 한 변이고, $\overline{\mathrm{AG}}$는 외접하는 정n각형의 변의 반이라고 하자.

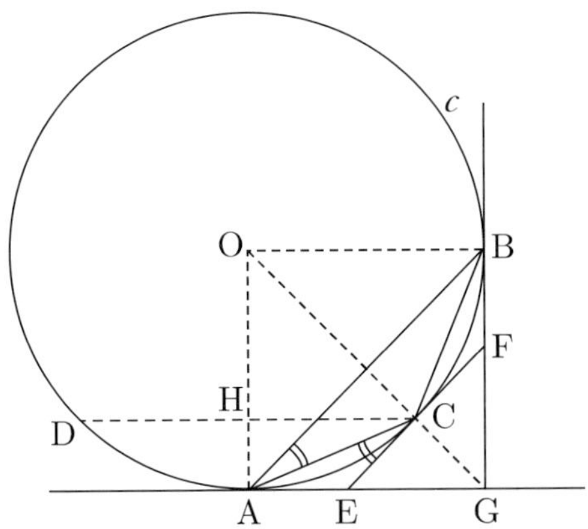

〈그림 4-2〉 아르키메데스의 착출법에 의한 원주율 구하기

$\overline{\mathrm{AB}} = i_n$, $\overline{\mathrm{AC}} = i_{2n}$, $\overline{\mathrm{EF}} = c_{2n}$, $\overline{\mathrm{AG}} = \frac{1}{2}c_n$ 이라 하자.

그러면, $\triangle\mathrm{EGC}$와 $\triangle\mathrm{OGA}$는 닮음이 된다.

이것으로부터,

$$\overline{\mathrm{EC}} : \overline{\mathrm{EG}} = \overline{\mathrm{OA}} : \overline{\mathrm{OG}},\ \overline{\mathrm{OA}} : \overline{\mathrm{OC}}$$

이므로,

$$\overline{\mathrm{OA}} : \overline{\mathrm{OG}} = \overline{\mathrm{OC}} : \mathrm{OG}$$

이 된다.

한편, $\overline{\mathrm{AB}}$와 길이가 같은 현 DC를 잡자. 그러면, $\triangle\mathrm{OHC}$와 $\triangle\mathrm{OAG}$는 닮음이 된다. 따라서,

$$\overline{\mathrm{OC}} : \overline{\mathrm{OG}} = \overline{\mathrm{HC}} : \overline{\mathrm{AG}}$$

이다. 이것으로부터,

$$\overline{\mathrm{EC}} : \overline{\mathrm{EG}} = \overline{\mathrm{HC}} : \overline{\mathrm{AG}}$$

이 성립한다. 그런데, $\overline{\mathrm{EG}} = \overline{\mathrm{AG}} - \overline{\mathrm{AE}}$ 이고, $\overline{\mathrm{AE}} = \overline{\mathrm{EC}}$ 이므로,

$$\frac{c_{2n}}{2} : \left(\frac{c_n}{2} - \frac{c_{2n}}{2}\right) = \frac{i_n}{2} : \frac{c_n}{2}$$

이 성립한다. 이로부터,

$$c_{2n} = \frac{c_n \cdot i_n}{c_n + i_n}$$

을 얻는다. 따라서 위의 식 양변에 $2n$을 곱하면,

$$2nc_{2n} = \frac{2nc_n \cdot ni_n}{nc_n + ni_n}$$

이 되고 $2nc_n, nc_n, ni_n$은 각각 C_{2n}, C_n, I_n과 같다.

그러므로 구하는 등식

$$C_{2n} = \frac{2C_n \cdot I_n}{C_n + I_n}$$

을 얻는다.

다음으로 $I_{2n} = \sqrt{I_n \cdot C_n}$의 이유를 살펴보자.

$\triangle$AEC 와 $\triangle$ACB 가 닮음이므로,

$$\overline{\mathrm{AE}} : \overline{\mathrm{AC}} = \overline{\mathrm{AC}} : \overline{\mathrm{AB}}, \ i_{2n} = \sqrt{\frac{c_{2n}}{2} \cdot i_n}$$

이다. 양변에 $2n$을 곱하면,

$$2ni_{2n} = \sqrt{2nc_{2n} \cdot ni_n}$$

이 되고, 이것으로부터,

$$I_{2n} = \sqrt{I_n \cdot C_n}$$

이 성립한다.

나선을 이용한 원적 문제 해결

원적 문제에 대한 또 다른 접근법으로서 아르키메데스의 나선을 이용한 방법을 살펴보자(〈그림 4-3〉 참고).

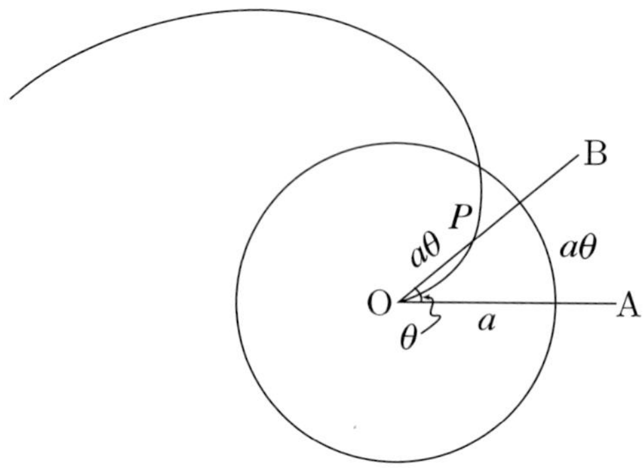

〈그림 4-3〉 아르키메데스의 나선을 이용한 원주율 구하기

이제 중심이 O이고 반지름이 a인 원을 그리자. 그러면 두 직선 OA와 OP 사이의 호의 길이와 OP가 모두 $a\theta$이므로 그들의 크기는 같다. 만약 OP가 OA와 수직이 되면 OP는 이 원의 원주의 길이의 1/4이 된다. 원의 넓이 K는 그의 반지름과 원주의 곱의 반이므로

$$K=\left(\frac{a}{2}\right)(4\mathrm{OP})=(2\mathrm{a})(\mathrm{OP})$$

가 된다. 따라서 원하는 정사각형의 한 변은 $2a$와 OP 또는 원의 지름과 OA와 수직인 나선의 반지름의 길이의 비례중항이 된다.

원적 문제의 불가능에 대한 증명

π란 어떤 종류의 수인가? 유리수인가, 무리수인가? 대수적인 수(유리정수를 계수로 하는 대수방정식의 해가 되는 수)인가 초월수(대수적인 수가 아닌 수. 즉, 유리정수를 계수로 하는 대수방정식을 만족하지 않는 수)인가? 이 문제는 오일러가 처음으로 제기한 후 107년 동안 수학자들을 꼼짝 못하게 사로잡아 두었다.

유클리드 시대 전의 그리스인들은 무리수, 즉 두 정수의 비로 나타낼 수 없는 수가 존재하고 있다는 사실에 익숙해져 있었다. 그러나 그들에게 알려진 수학은 기하학뿐이었으므로, 무리수 개념도 다른 용어를 사용하여 표현해야만 했다. 그러나 무리수가 대수방정식의 근이 아니라고 할 수는 없다. 대수방정식은

$$a_nx^n + \cdots\cdots + a_2x^2 + a_1x + a_0 = 0 \qquad ①$$

으로 표현되는데, n은 유한이며 모든 계수 a_i는 유리수이다. 오일러가 살았던 시대의 사람들은 무리수도 아니면서 대수방정식의 근도 되지 않는 수가 존재한다는 것을 점차 인식하게 되었다. 이와 같은 수를 '초월수'라 부른다.

이러한 초월수의 존재성은 1840년 조제프 리우빌*Joseph Liouville*이 대수방정식의 근이 될 수 없는 수를 정의할 수 있다고 증명하고 나서야 입증되었다.

그러나 초월수의 존재성을 인정하더라도 도대체 그것이 어떤 의미를 갖고 있단 말인가? 이에 대한 중요한 해답은 초월수 π가 원적 문제에 대한 해결의 열쇠를 제공하고 있다는 것이다.

π의 초월성을 언급하는 이유는 그리스인들이 왜 컴퍼스와 눈금 없는 자만을 사용하여 유한번의 작도 과정을 거쳐 원과 같은 넓이의 정사각형을 구하려고 한 원적 문제가 불가능함을 증명하는데 있어서 중요한 근거가 되기 때문이다.

만일 원적 문제가 유한번의 작도로 가능하다면 계수가 정수인 대수방정식의 한 근은 π 또는 $\sqrt{\pi}$가 될 것이다. 만일 π가 어떠한 계수가 정수인 대수방정식의 근이 아니라면 원적 문제는 불가능해진다.

그러므로 유클리드 기하학으로 원적 문제를 해결하는 문제는 다음과 같은 문제라고 말할 수 있다.

"만일 π가 초월수라면 작도는 불가능하다."

그래서 현대 수학의 용어를 사용하면 방정식 이론은 기원전 5세기 아낙사고라스가 아테네의 감옥 바닥에서 끙끙거리던 문제에 대하여 해결의 실마리를 제공해 주었다. 그리고 1882년 린데만*Lindermann*이 π가 초월수라는 것을 증명하여 최종적으로 원적 문제에 끝마무리를 지었다. 또한 리우빌이 1840년 초월수의 존재 사실을 증명하기 훨씬 이전에, π가 무리수임을 스위스 수학자 요한 하인리히 람베르트와 르장드르가 증명하였다. 람베르트는 1767년에 이를 증명했는데 르장드르는 람베르트가 사용했던 연분수에 대한 보조정리를 더 엄밀하게 증명하였다. 그의 논문 「원적 문제와 원의 길이를 해결하려는 사람들을 위한 예비지식」에서 람베르트는 몇몇 연분수들을 조사하여 다음 정리들을 증명하였다.

x가 0이 아닌 유리수이면 $\tan x$는 유리수가 될 수 없다. 이 사실로부터 다음 사실이 추론된다. $\tan x$가 유리수이면 x는 무리수이거나 0이다.(원래 명제의 대우)

$\tan\frac{\pi}{4}=1$이 유리수이므로 $\frac{\pi}{4}$는 무리수이고, 따라서 π가 무리수임이 증명된다.

람베르트는 π에 대한 연분수를 다음과 같이 제시하였다.

$$\pi = 3+\cfrac{1}{7+\cfrac{1}{15+\cfrac{1}{1+\cfrac{1}{292+\cfrac{1}{1+\cfrac{1}{1+\cfrac{1}{1+\cfrac{1}{2+\cdots}}}}}}}}$$

르장드르는 1794년 「초등기하학」에서 π가 무리수임을 더 엄밀하게 증명하였고, π가 어떤 유리수의 제곱근이 될지도 모른다는 희망을 불식시키기 위해 π^2이 무리수라는 증명도 제시하였다. 그는 자신의 연구를 끝맺음하면서 "π라는 숫자는 대수적인 무리수조차 아닐지도 모른다. 즉, 정수 계수의 유한개의 항으로 이루어진 대수방정식의 근이 될 수 없다. 그러나 이를 직접 증명하기는 매우 어려운 것 같다"고 기술하고 있다.

이 사실에 대한 르장드르의 의견은 모두 옳았다. π는 대수적이 아니며 그 증명은 너무 어려워 88년이 지나서야 제시되었다.

1873년 샤를 헤르미트는 숫자 e가 초월수임을 증명하고, 이로부터 유한방정식

$$ae^r + be^s + ce^t + \cdots\cdots = 0$$

은 r, s, t, $\cdots$가 자연수이고 a, b, c, $\cdots$는 모두 0이 아닌 유리수일 때 성립되지 않음을 추측하였다.

1882년 린데만은 헤르미트 정리를 r, s, t, $\cdots$와 a, b, c, $\cdots$가 실수뿐만 아니라 대수적 수인 경우까지 확장하는 데 성공하였다. 따라서 린데만 정리는 다음과 같이 진술된다.

r, s, t, $\cdots$, z가 서로 다른 실수 또는 복소수의 대수적인 수이고 a, b, $\cdots$, n이 적어도 하나가 0이 아닌 실수 또는 복소수의 대수적인 수일 때 유한개의 합

$$ae^r + be^s + ce^t + \cdots\cdots + ne^z \qquad ①$$

는 결코 0이 될 수 없다.

이로부터 π의 초월성이 즉각 추론된다.

$$e^{i\pi}+1=0 \qquad ②$$

의 식으로 주어진 오일러의 정리를 이용하면 위의 식 ①에서 $a=b=1$은 대수적인 수이고, c와 나머지 다른 계수들은 0이며, $s=0$도 대수적인 수이므로 식 ②가 성립되지 않는 유일한 원인은 $r=i\pi$이기 때문이다. 이때 $i\pi$가 초월수이어야 하는데, i는 대수적인 수 이므로 당연히 π가 초월수이어야 한다.

지금까지 보았듯이 유클리드 방식의 작도에 의한 원적 문제의 해결 가능성은 전적으로 π가 대수적인 수인가 또는 초월적인 수인가에 귀착된다. 그러므로 린데만 정리는 그리스 기하학의 규칙에 따라 원과 같은 넓이의 정사각형을 구하는 것이 불가능함을 증명한 셈이다. 이것으로 생각해볼 때, 고대 그리스인들은 눈금 없는 자와 컴퍼스 만으로 주어진 원과 같은 넓이의 정사각형을 작도하려 했지만 모두 실패하고 다른 도구를 사용했던 것임을 짐작할 수 있다. 1882년 린더만이 원주율 π가 초월수임을 증명하면서 주어진 원과 같은 넓이의 정사각형을 작도한다는 것은 불가능하다는 것이 밝혀지게 되었다. 오해하지 말아야 할 것은 눈금 없는 자와 컴퍼스 만으로 작도가 불가능하다는 것이지 원과 같은 넓이의 정사각형이 존재하지 않는다는 것은 아니다. 각의 삼등분 문제와 배적 문제도 마찬가지로 작도가 불가능하다는 것이지 다른 도구를 사용하면 접근이 가능하다는 것이다.

연습문제

1. 히포크라테스는 궁형이라고 불리는 도형에 대한 정사각형화에 성공하였다. 이러한 성공은 원적 문제 해결을 위한 중요한 실마리가 될 것으로 기대했지만 결국 실패하고 말았다. 아래 제시된 궁형과 동일한 넓이를 가지는 정사각형의 한 변의 길이를 구하시오(단, 점 A를 중심으로 하는 호 CED의 중심각은 90°, 점 B를 중심으로 하는 호 CFD의 중심각은 180°이다).

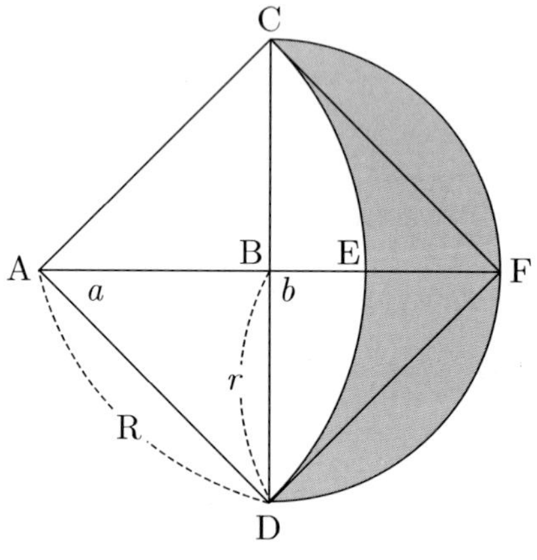

풀이 빗금친 궁형의 넓이는 부채꼴 BCFD의 넓이에서 부채꼴 ACED의 넓이를 뺀 다음 직각이등변삼각형 ACD의 넓이를 더

한 것과 같다. 따라서 각각의 넓이는 아래와 같다.

부채꼴 BCFD의 넓이 $= \dfrac{\pi r^2}{2}$

부채꼴 ACED의 넓이 $= \dfrac{\pi R^2}{4}$

직각이등변삼각형 ACD의 넓이 $= \dfrac{R^2}{2}$

따라서 구하는 궁형의 넓이는 다음과 같다.

$$\frac{\pi r^2}{2} - \frac{\pi R^2}{4} + \frac{R^2}{2} = \frac{\pi r^2}{2} - \frac{2\pi r^2}{4} + \frac{2r^2}{2} = r^2$$

즉, 넓이를 r^2으로 가지는 한 변 r은 작도가능하다.

2. 아래 그림은 히피아스의 쿼드라트릭스를 나타낸 것이다(5장 참고). 이 곡선은 각의 삼등분뿐만 아니라 원적 문제 해결에도 매우 유용하게 사용될 수 있다.

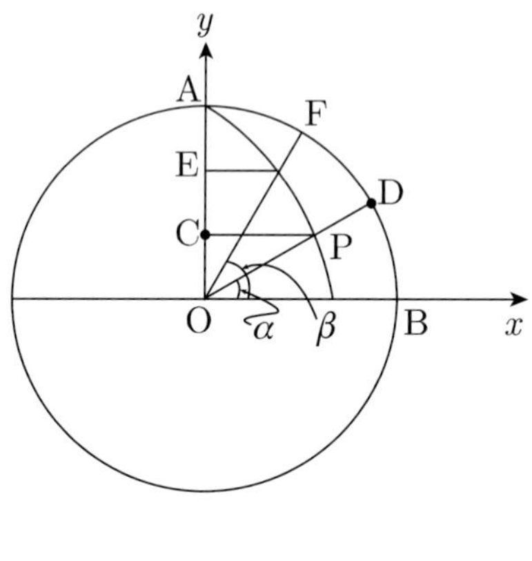

1) 5장의 쿼드라트릭스의 정의를 이용하여 점 P의 극좌표를 구하시오.

2) 극좌표의 식을 이용하여 어떻게 원적 문제를 해결할 수 있는지 구해 보시오.

풀이 1) 5장에 의해서 점 P의 직교좌표를 구하면, $x = y\cot\alpha$, $y = \frac{2\alpha}{\pi}$이다. 즉, $x\tan\alpha = \frac{2\alpha}{\pi}$이다. 극좌표로 고치기 위해 $x = r\cos\alpha$, $y = r\sin\alpha$을 대입하면, $r\cos\alpha\frac{\sin\alpha}{\cos\alpha} = \frac{2\alpha}{\pi}$이다. 따라서 구하는 극방정식은 $\pi r\sin\alpha = 2\alpha$ 가 된다.

2) 극방정식 $\pi r\sin\alpha = 2\alpha$에서 각 α의 크기를 0으로 접근해보자. 그러면, 쿼드라트릭스와 직선 OB의 교점 P의 거리 OP=r를 얻을 수 있다. 즉, $r = \lim_{\alpha \to 0^+}\frac{2\alpha}{\pi\sin\alpha} = \frac{2}{\pi}$이 된다. 따라서 $\frac{2}{\pi}$를 얻을 수 있으므로 π에 의해서 원적 문제가 해결되어진다.

Chapter Ⅵ

각의 삼등분 문제 해결을 위한 노력과 곡선 및 기구

- 역사적 해결 과정 분석
- 곡선을 이용한 방법
- 기계적 도구를 이용한 방법
- 기타방법
- 근사적인 방법
- 각의 삼등분에 대한 대수적 해석

역사적 해결 과정 분석

각의 삼등분 문제를 해결하기 위한 시도는 매우 다양한 방식으로 전개되었다. 이러한 다양한 방식의 전개는 다양한 수학적인 보조 곡선과 도구들을 발견하는 계기가 되기도 한다. 여기에서는 고대 그리스 수학자들에 의해 시도되어진 각의 삼등분 작도 문제 해결을 위한 다양한 방법을 소개하고 이를 바탕으로 하여 역사적으로 의미 있는 각의 삼등분 방법, 곡선을 이용하는 방법, 기계적 도구를 이용하는 방법, 종이 접기를 활용한 방법, 근사적인 방법 및 각의 삼등분 작도가 불가능한 이유에 대한 현대적 고찰이 이루어진다.

고대 그리스 수학자들의 시도

고대 그리스에서 각의 삼등분 문제는 추측하건데 정다각형 작도를 지속적으로 시도하는 과정에서 발생한 것으로 생각된다. 즉 정육각형에 대한 작도를 마무리한 다음, 새로운 정다각형 작도를 위한 방법을 찾는 과정에서 발생한 것으로 추측된다. 구체적으로 정9각형, 혹은 변의 개수가 9의 배수에 해당하는 정다각형을 작도하기 위해서는 각의 삼등분이 필수적으로 요구되기 때문이다.

정삼각형, 정사각형, 정오각형, 정육각형, 정팔각형의 작도는 고대 그리스인들에게는 간단한 작문 문제였다. 또한 정칠각형에 대한 작도는 구적법*quadrature*의 측면에서 보면, 주어진 비에 대한 임의의 각을 분할하는 방법에 의해 작도가 가능하였다.

비록 그들은 작도에는 실패하였지만 고대 그리스 시대부터 시도되어왔던 다양한 방법들에 대해 살펴보는 것은 의미있는 작업이다. 게다가 직선과 원을 사용한 유클리드 작도에 의한 실패이었지, 다양한 곡선을 이용하거나 입체적인 방법에 의한 실패는 아니었다.

니코메데스 :
콘코이드

기원전 200년 경 니코메데스*Nicomedes*는 콘코이드*conchoid*를 고안하였고, 이 콘코이드가 각의 삼등분 작도에 어떻게 이용되는지 살펴보자.

니코메데스가 콘코이드를 개발한 것은 사실이지만, 그가 직접 각의 삼등분 문제 해결에 활용한 것은 아니다. 콘코이드는 니코메데스 사후 몇 백년이 지난 뒤, 파푸스*Pappus*에 의해 삼등분 문제의 해결에 사용되어졌다. 먼저 니코메데스가 콘코이드 곡선을 어떻게 그렸는지 직접 그려보자.

콘코이드를 그리기 위해서는 세 개의 서로 다른 직선자*ruler*가 필요하다. 첫 번째 자(R_1)는 가운데 긴 터널이 뚫려져 있는 모양을 하고 있다. 두 번째 자(R_2)는 첫 번째 자에 수직인 방향으로 고정되어져 있다. 그런데 두 번째 자 위에는 고정된 점 O에 못이 박혀져 있다. 세 번째 자(R_3)는 터널과 함께 고정된 점 L에 못이 박혀져 있다. 세 번째 자 위의 고정된 점 L의 못은 첫 번째 자의 터널 사이를 움직이고, 세 번째 자의 터널은 두 번째 자의 고정된 점 O 사이를 움직인다.

세 번째 자의 고정된 점 L이 첫 번째 자의 터널 사이를 움직일 때 세 번째 자의 끝점 B가 그리는 자취를 생각할 수 있다. 점 B가 움직이는 궤도를 니코메데스는 콘코이드라고 이름을 붙였다(〈그림 5-1〉 참조).

니코메데스가 고안한 콘코이드를 파푸스는 어떻게 각의 삼등분 문제를 해결하는데 이용하였는지 살펴보자.

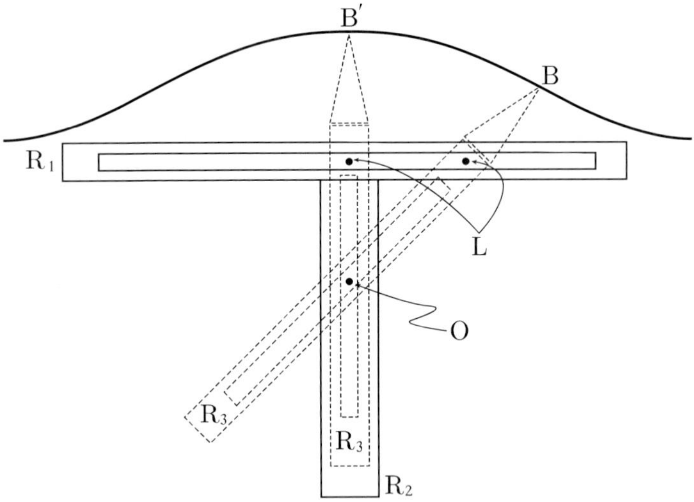

〈그림 5-1〉 콘코이드 도구

〈그림 5-1〉에서 선분 OL과 선분 LB의 길이의 비가 1 : 2가 되도록 맞추어 보자. 그리고, 〈그림 5-2〉에서 각 AOB를 삼등분하고자 하는 각으로 두고, 선분 OL과 선분 LB의 비가 1 : 2가 되도록 한다. 그럼, 〈그림 5-1〉에서의 첫 번째 자의 터널은 〈그림 5-2〉에서 직선 DL이 된다. 이제 선분 OB와 직선 DL의 교점을 L, 선분 OL의 길이를 a라

하자. 점 L을 지나는 직선 DL에 수직인 직선이 콘코이드와 만나는 점을 C라고 하면, 선분 OC는 각 AOB를 삼등분한다.

증명 각 $\angle AOC = \theta$라 하자. AD//CL 이므로 $\angle OCL = \theta$이다. 직선 OC와 직선 DL의 교점을 N이라고 하면, 콘코이드의 정의에 의해서 $CN = 2a$가 된다. 선분 CN의 중점을 M이라고 하면, 직각삼각형 CLN에 의해서 $CM = MN = ML = a$이다. 따라서 삼각형 CML과 삼각형 MLN, 삼각형 OML은 모두 이등변삼각형이다. 따라서, $\angle MLC = \theta$가 되고, 삼각형의 외각의 성질에 의해서, $\angle OML = 2\theta$이므로 $\angle MOL = 2\theta$가 된다. 따라서 $2\angle AOC = \angle COB$이므로 각 AOB는 선분 OC에 의해서 삼등분된다. ■

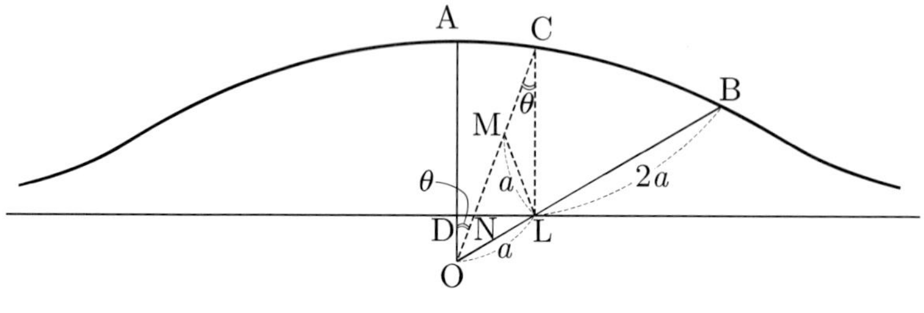

〈그림 5-2〉 콘코이드를 이용한 각의 삼등분

아르키메데스 : 원

아르키메데스는 원을 이용하여 각의 삼등분 문제를 해결할 수 있음을 보였다. 이 방법은 아르키메데스의 '나선에 대하여*On Spirals*'에 소개되어져 있는 방법으로, 아르키메데스는 '나선에 대하여'의 명제 5~명제 8의 내용을 기초로 다음과 같은 방법으로 각의 삼등분 작도를 소개하고 있다. 참고로 이 방법은 아르키메데스의 책에 소개되어져 있지만 그가 찾았다기보다는 그 당시에 내려오던 방법을 정리한 것으로 파악되고 있다.

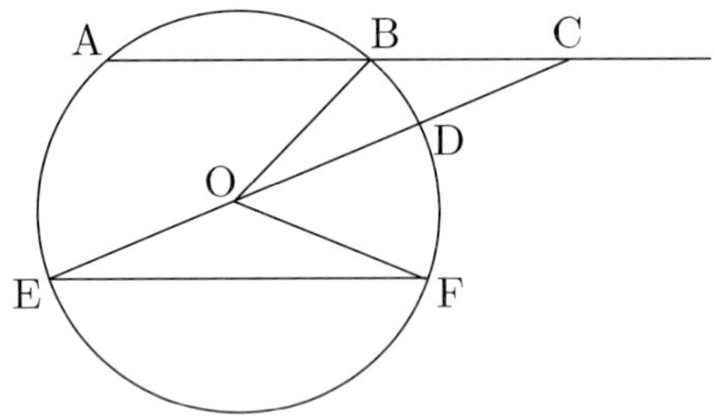

〈그림 5-3〉 원과 각의 삼등분

원 O의 임의의 현 AB가 있고, AB의 연장선을 그어 반지름의 길이만큼 연장한 점을 C라고 하자. 점 C에서 원의 중심 O를 지나는 할선을 그어 원과 만나는 두 교점을 각각 D, E라고 하자. 그리고 점 E를 지나면서 직선 AB에 평행인 직선이 원과 만나는 점을 F라고 하면,

$\angle$BOF의 삼등분선은 직선 OC이다.

확인 BC = BO이므로 $\angle$BOD = $\angle$BCO이다.
또한, 삼각형의 외각의 크기, 평행선에서 엇각의 성질에 의해
$\angle COF = 2\angle OEF = 2\angle BCO = 2\angle BOC$가 성립한다.
따라서 $\angle BOF = 3\angle BOD$이다.

파푸스 :
원과 쌍곡선

파푸스가 쌍곡선을 이용하여 각의 삼등분 문제를 어떻게 해결하였는지 살펴보자. 쌍곡선을 비롯한 원추곡선을 체계화한 사람은 아폴로니우스*Apollonius*인데, 이를 각의 삼등분 문제에 적용한 것이 파푸스였다.

파푸스가 사용한 방법의 가장 핵심적인 과정은 다음 네 가지로 요약될 수 있다. 첫째, 단위원 O를 그리고, 원 위의 임의의 두 점 A, B로부터 $\angle$AOB를 만든다. 둘째, $\angle$AOB의 이등분선인 선분 OC를 긋는다. 셋째, 동점 P_0을 다음 조건에 부합되도록 잡는다.

조건. 선분 P_0B를 긋고, 점 P_0에서 직선 OC에 내린 수선의 발을 Q라 할 때, $2\overline{P_0Q} = \overline{PB}$이다.

실제로, 이것을 만족하는 점 P_0의 자취를 구하면, 한 정점(점 B가

초점)과 한 직선(직선 OC는 준선) 사이의 거리의 비가 1(이심율 e가 $2:1=2$)보다는 크기 때문에 쌍곡선이 된다. 넷째, 쌍곡선과 원의 교점을 P라고 하면 선분 OP는 ∠AOB의 삼등분선이 된다(〈그림 5-4〉 참고).

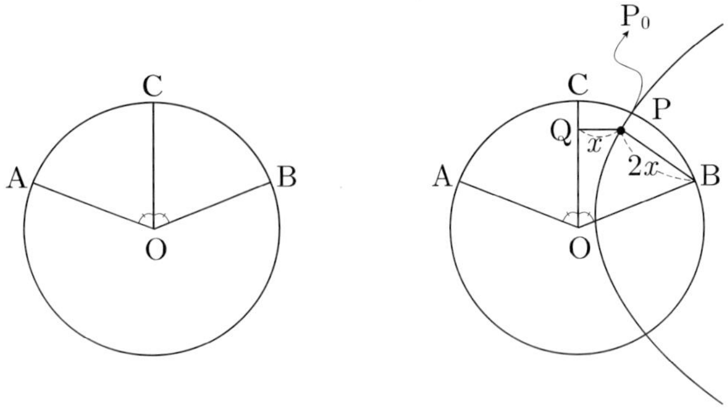

〈그림 5-4〉 파푸스의 쌍곡선과 각의 삼등분

증명 점 P를 지나는 곡선의 자취가 쌍곡선을 이루기 때문에 점 P의 대칭인 점을 구할 수 있고, 이 점을 P′라고 하면, 점 P, P′는 ∠AOB의 삼등분선을 지나는 점이 된다. 즉, $\overline{OP}$, $\overline{OP'}$는 ∠AOB를 삼등분한다(〈그림 5-5〉 참고).

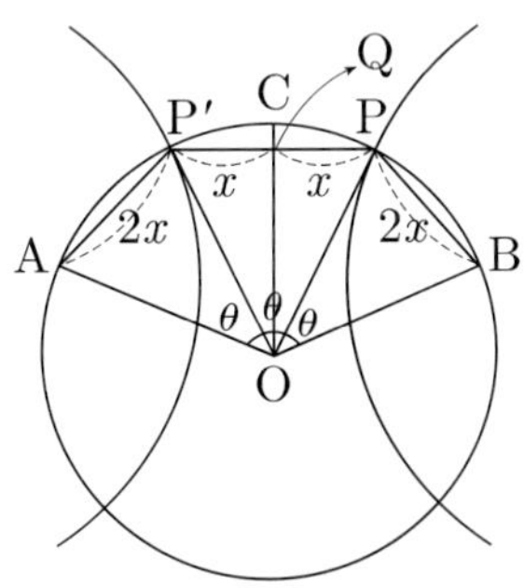

〈그림 5-5〉 파푸스의 방법

왜냐하면, 점 B를 초점, 직선 OC를 준선으로 하는 쌍곡선과 주어진 원과의 교점이 P, P′이므로 선분 OA, OB, OP, OP′은 반지름으로 길이가 서로 같다. 선분 OC와 선분 PP′의 교점을 Q라고 하고, 점 P에서 직선 OC에 내린 수선의 발까지의 길이를 x라고 하면, 선분 PB, 선분 PP′, 선분 AP′은 모두 $2x$로 일정하다. 따라서, 삼각형 OBP, 삼각형 OPP′, 삼각형 OAP′은 모두 합동인 삼각형이므로 ∠BOP, ∠POP′, ∠AOP′은 모두 같다. 즉, 선분 OP, 선분 OP′은 ∠AOB를 삼등분한다. ■

곡선을 이용한 방법

원추곡선에 의한 환원법

오래 전부터 원추곡선을 이용하여 예각에 대한 삼등분 문제에 관심을 가졌다. 예각 ABC가 주어져 있다고 하자. 점 A에서 변 BC에 내린 수선의 발을 C라고 하고, 사각형 BCAF가 직사각형이 되도록 하는 점 F를 잡는다. 그리고 직선 FA의 연장선 위에 다음 조건을 만족하는 특정한 점을 E라 하자.

조건. 선분 BE와 선분 AC의 교점을 D라고 할 때, AB의 길이의 두 배가 DE의 길이가 되도록 한다. 즉, DE = 2AB를 만족한다(〈그림 5-6〉 참고).

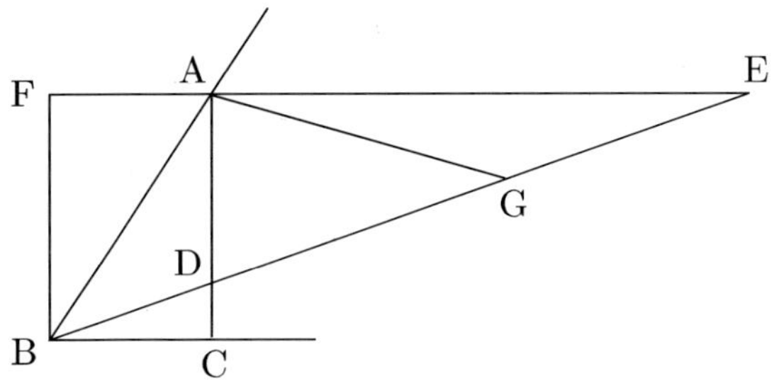

〈그림 5-6〉 환원법에 의한 각의 삼등분

DE의 중점을 G라고 하고 선분 AG를 긋는다. 그러면, DG=GE=AG=AB이므로, $\angle ABG = \angle AGB = 2\angle AEG = 2\angle DBC$ 이다. 즉 $\angle DBC = \frac{1}{3}\angle ABC$이 되고, 선분 BE는 ∠ABC의 삼등분선임을 확인할 수 있다.

따라서 각의 삼등분선의 작도는 $DE = 2AB$를 만족하는 점 D 혹은 점 E를 잡을 수 있느냐로 환원시킬 수 있다. 이러한 이유와 더불어 원추곡선을 사용하여야 점 E를 잡을 수 있기 때문에서 이와 같은 원리를 이용하는 방법을 원추곡선에 의한 환원법이라고 한다.

이제 두 가지 측면에서 이 방법에 대해 고찰해 보자. 첫째는 고전적인 방법이고 두 번째는 현대적인 방법이다.

먼저, 고전적인 측면 즉, 논증기하적인 방법이다. 이 방법은 문제를 더 일반적인 상황(직사각형이 아닌 평행사변형인 상황)에서 어떻게 풀 수 있는지에 대한 관심에서 출발하고 있다. 위의 〈그림 5-6〉에서 각의 삼등분 직선이 작도되었다고 하고, $DE = 2AB$를 '주어진 선분의 길이'라고 설정한 상태에서 어떻게 각을 삼등분하는지 살펴보자.

평행사변형 ABCD가 주어져 있다(직사각형일 필요는 없다). 이 때 우리가

'주어진 선분의 길이'를 EF라고 하고 선분 EF의 크기를 구하는 방법을 다음과 같이 제시하고 있다(〈그림 5-7〉 참고). 즉, 평행사변형 ABCD에서 B를 지나는 직선이 선분 CD와 만나는 점을 E, 선분 AD의 연장선과 만나는 점을 F라고 할 때, 선분 EF가 '주어진 선분의 길이'와 정확하게 일치하게 하는 점 F를 찾으면 문제는 해결되어지는 것이다.

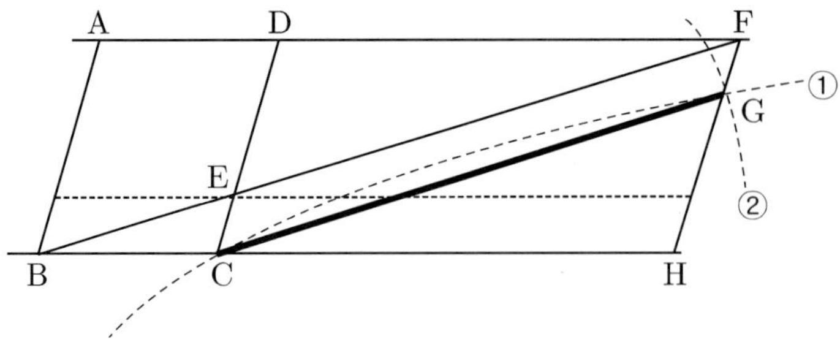

〈그림 5-7〉 원추곡선 1

만약 우리가 요구하는 선분 EF가 정확하게 그어졌다고 가정하면, 사각형 CGFE가 평행사변형이 되게 하는 점 G를 잡을 수 있다. 왜냐하면, 평행사변형의 성질에 의해 선분 EF를 찾는 것과 선분 CG를 찾는 것은 동일하기 때문이다. 따라서 점 C를 지나면서 '주어진 선분의 길이' 선분 EF와 동일한 크기를 가지는 선분 CG를 그을 수 있으면 문제는 해결되어진다.

이제 점 C를 중심으로 하고 '주어진 선분의 길이'를 반지름으로 하는 원(그림에서 ②번 곡선)을 그리고, 두 직선 AF와 AB를 점근선으로 하고, 점 C를 지나는 쌍곡선(그림에서 ①번 곡선)을 그려서 이 두 곡선의 교점이 우리가 구해야 할 G이다. 즉, 직선 CG와 평행이면서 점 B를 지나는 직선이 ∠ABC의 삼등분선이다.

증명 '주어진 선분의 길이'를 가지는 선분 EF가 그려졌다고 가정하고, 점 F를 지나고 선분 AB와 평행한 직선이 선분 BC의 연장선과 만나는 점을 H라고 하면, 사각형 ABHF는 평행사변형이다. 따라서 평행사변형의 성질에 의해서 선분 BF는 평행사변형 ABHF의 대각선이 된다. 따라서 평행사변형의 대각선에 의해 만들어지는 영역의 넓이가 서로 같다는 성질에 의해서, 다음이 성립한다.

$$AD \cdot DC = BH \cdot EC = AF \cdot FG$$

즉, $AD \cdot DC = AF \cdot FG$가 성립한다. 따라서 점 C와 점 G는 직선 AF와 직선 AB를 두 점근선으로 하는 쌍곡선 위의 점이 된다.

따라서, 선분 CG의 길이가 선분 EF의 길이와 같아야 하므로 점 C를 중심으로 하고 반지름의 길이를 선분 EF의 크기로 하는 원 위의 점이다. ■

두 번째, 해석기하학적인 방법이다. 직사각형 AHBC에서 ∠ABC의 각의 삼등분선을 구해 보자. 점 C를 중심으로 하고 반지름의 길이가 $2AB$인 원을 그린 다음, 점 C를 지나고 직선 HA와 직선 HB를 점근선으로 하는 쌍곡선을 그린다. 이 때 원과 쌍곡선의 교점을 G라고 하면 선분 CG의 길이와 선분 EF의 길이가 같다. 점 G에서 직선 HA에 내린 수선의 발을 F라 하면, 선분 BF는 ∠ABC의 삼등분선이 된다(〈그림 5-8〉 참고).

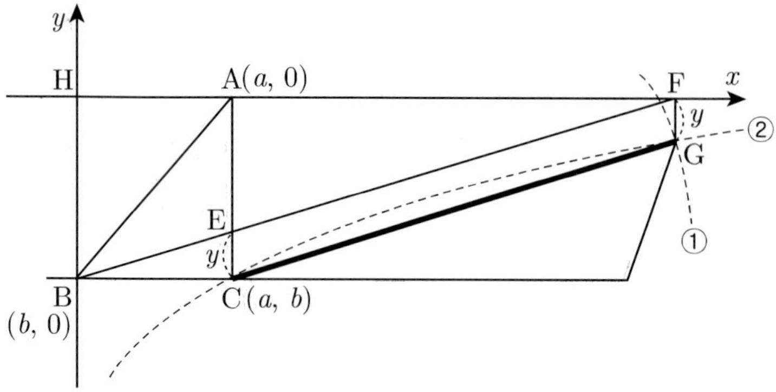

〈그림 5-8〉 원추곡선 2

증명 직선 FA를 x축으로 하고, 직선 HB를 y축으로 하는 좌표평면을 생각하자. $\mathrm{HA}=a$, $\mathrm{HB}=b$라고 하면 다음 두 식을 얻을 수 있다.

첫째, 점 C를 중심으로 하고 2AB를 반지름으로 하는 원의 방정식을 구해 보자. 중심의 좌표는 (a,b)이고 반지름의 길이는 $2\mathrm{AB}=2\sqrt{a^2+b^2}$ 이다.

따라서 원의 방정식은 $(x-a)^2+(y-b)^2=4a^2+4b^2$(①식) 이다.

둘째, x축과 y축을 점근선으로 하는 쌍곡선의 방정식은 $y=\dfrac{k}{x}$인 데, 점 C를 지나야 하므로 $k=ab$가 된다. 즉, $xy=ab$(②식)가 된다.

첫 번째 식을 변형하면, 다음과 같다.

$$\begin{aligned}(x-a)^2+(y-b)^2&=4a^2+4b^2\\ x^2-2ax-3a^2+y^2-2by-3b^2&=0\\ (x-3a)(x+a)+(y-3b)(y+b)&=0\\ (x-3a)(x+a)&=(3b-y)(y+b)\end{aligned}$$

위의 식에서 x를 소거하기 위해서 $x-3a$와 $x+a$의 값을 y에 관한 식으로 나타내 보자.

먼저, $x+a$의 값을 y에 관한 식으로 표현해 보자. 두 번째 식을 변형하면, $xy=ab$는 $a:y=x:b=x+a:y+b$이므로 $a:y=x+a:y+b$이다. 즉, $x+a=\dfrac{a(y+b)}{y}$(③식)을 얻을 수 있다. 또한, 동일한 방법으로 $x-3a$의 값을 y에 관한 식으로 표현할 수 있다. 둘째 식에서 $xy=ab$는 $a:y=x:b=3a:3y=x-3a:b-3y$이므로 $a:y=x-3a:b-3y$이다. 즉, $x-3a=\dfrac{a(b-3y)}{y}$(④식)을 얻을 수 있다.

이제 $(x-3a)(x+a)=(3b-y)(y+b)$에 ③식과 ④식을 대입하면 다음 식을 얻을 수 있다.

$$\frac{a(y+b)}{y}\frac{a(b-3y)}{y}=(3b-y)(y+b)$$

이 식을 정리하면, $y^3-3by^2-3a^2y+a^2b=0$(⑤식)과 같다.

여기서 $\angle\mathrm{ABC}=3\theta$라고 하면, $\tan3\theta=\dfrac{b}{a}$이 된다. 여기서 직선 BF의 기울기를 t, $\overline{\mathrm{CE}}=y$라고 두면, $t=\tan\angle\mathrm{EBC}=\dfrac{y}{a}$이 된다. 즉, $y=at$이고, 이 식을 ⑤식에 대입하여 계산하면 아래와 같다.

$$\begin{aligned} y^3-3by^2-3a^2y+a^2b&=0\\ a^3t^3-3ba^2t^2-3a^3t+a^2b&=0\\ at^3-3bt^2-3at+b&=0 \end{aligned}$$

이 식을 a와 b로 구분하여 정리하면, $a(t^3-3t)-b(3t^2-1)=0$이다. 이것을 우리가 이미 알고 있는 사실로 변형시키면, $\tan 3\theta = \dfrac{b}{a} = \dfrac{3t-t^3}{1-3t^2}$이 된다.

그런데, $\tan(\alpha+\beta) = \dfrac{\tan\alpha + \tan\beta}{1-\tan\alpha\tan\beta}$, $\tan 2\theta = \dfrac{2\tan\theta}{1-\tan^2\theta}$ 이므로, 이를 통해 $\tan 3\theta$의 값을 정리하면, $\tan 3\theta = \tan(2\theta + \theta) = \dfrac{3\tan\theta - \tan^3\theta}{1-3\tan^2\theta}$이 된다. 즉, $\tan 3\theta = \dfrac{3t-t^3}{1-3t^2}$이므로 $\tan\theta = t$가 되므로, $\angle \mathrm{EBC} = \theta = \dfrac{1}{3}\angle \mathrm{ABC}$이다.

따라서 선분 BF는 $\angle \mathrm{ABC}$의 삼등분선이다. ■

파푸스의 원추곡선을 활용한 방법

원추곡선을 활용한 파푸스의 첫 번째 방법

직선 AC가 주어져 있고, 이 직선 위에 있지 않으면서 $2\angle \mathrm{BAC} = \angle \mathrm{BCA}$를 만족하는 점 B가 있다. 점 B에서 직선 AC에 내린 수선의 발을 D라고 하고, 직선 AC 위에 $\mathrm{DC} = \mathrm{DE}$를 만족하는 점 E를 잡으면, $\mathrm{BE} = \mathrm{BC}$, $\angle \mathrm{BEC} = \angle \mathrm{BCE}$이다. $\angle \mathrm{BEC} = \angle \mathrm{BAE} + \angle \mathrm{EBA}$, $2\angle \mathrm{BAC} = \angle \mathrm{BCA}$이므로, $\angle \mathrm{BAE} + \angle \mathrm{EBA} = 2\angle \mathrm{BAE}$이다. 따라서 $\angle \mathrm{BAE} = \angle \mathrm{ABE}$이다. 즉, $\triangle$ABE는 $\mathrm{EA} = \mathrm{EB}$인 이등변삼각형이다(〈그림 5-9〉 참고).

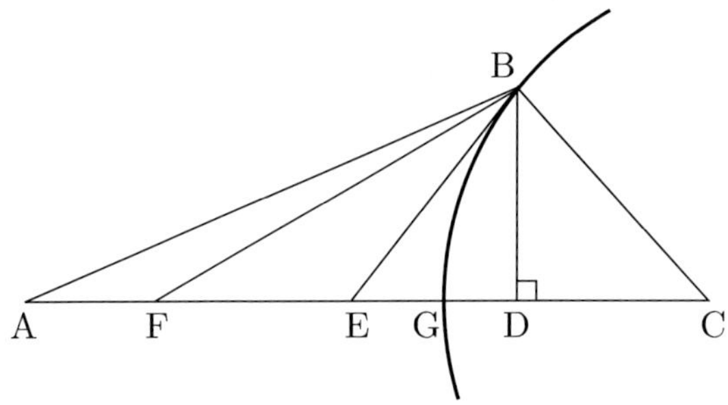

〈그림 5-9〉 파푸스와 원추곡선 1

선분 AC를 2 : 1로 내분하는 점을 G라고 하면, $AG = 2GC$ 또는 $CG = \frac{1}{3}AC$이다. 또한, $CD = DE = EF$인 점 F를 선분 AC 위에 잡으면, $CD = \frac{1}{3}CF$이다.

이를 통해, $GD = CG - CD = \frac{1}{3}(AC - CF) = \frac{1}{3}AF$이다.

또한, $BD^2 = BE^2 - ED^2 = BE^2 - EF^2$이고, $DA \cdot AF = AE^2 - EF^2 = BE^2 - EF^2$이 성립한다.[10] 따라서 $BD^2 = DA \cdot AF = DA \cdot 3DG = 3AD \cdot DG$ 이다. 즉, $\left(\frac{BD}{\sqrt{3}}\right)^2 = AD \cdot DG$가 성립한다. 이는 아폴로니우스의 원추곡선에 대한 정의에 의해서 쌍곡선임을 알 수 있다.

---

10) 아래 그림을 통해 $DA \times AF = AE^2 - EF^2 = BE^2 - EF^2$임을 알 수 있다.

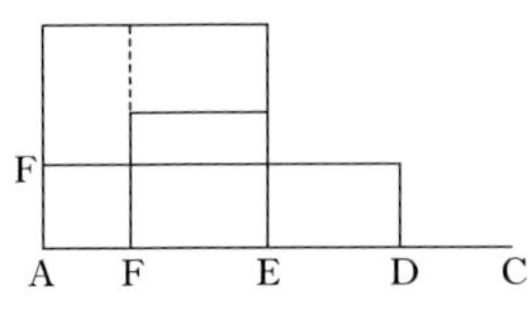

그런데 $BD^2 : AD \cdot DG = 3:1 = 3AG^2 : AG^2$이므로, 점 B는 절축의 길이를 AG, 켤레축의 길이를 $\sqrt{3}AG$로 하는 쌍곡선 위의 한 점임을 알 수 있다.[11)]

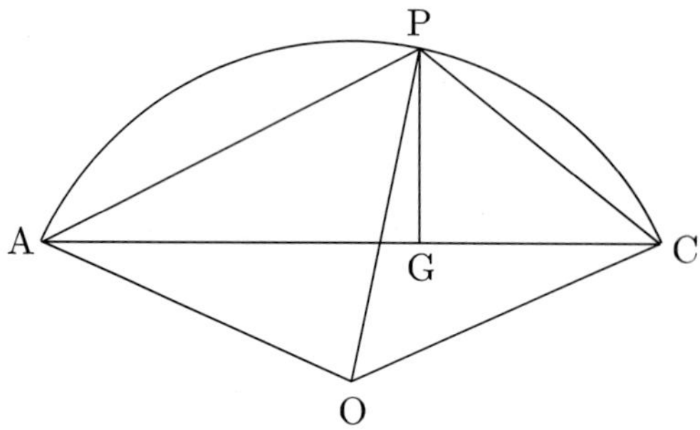

〈그림 5-10〉 파푸스의 원추곡선 2

이제 〈그림 5-10〉과 같이, 원 O 위에 있는 호 AC의 삼등분에 대해 생각해 보자. 현 AC를 그리고, $AG = 2CG$를 만족하는 점 G를 선분 AC 위에 잡는다. 다음으로 AG를 절축의 길이로 하고, $\sqrt{3}AG$를 켤레축의 길이로 하는 쌍곡선을 그려서 원과의 교점을 P라 하자. 선분 PA, PO, PC를 그으면, 앞의 〈그림 5-9〉의 성질에 의해서 $\angle PCA = 2\angle PAC$를 만족한다. 따라서 $\angle PAC$를 원주각으로 하는 호 $\widehat{PC}$와 $\angle PCA$를 원주각으로 하는 호 $\widehat{PA}$의 길이의 비는 $1:2$이므로, 이에 대한 중심각의 크기의 비도 $1:2$이다. 즉, $\angle POA = 2\angle POC$이다.

11) $\dfrac{x^2}{a^2} - \dfrac{y^2}{b^2} = 1$을 쌍곡선이라고 할 때, 절축의 길이는 $2a$이고 켤레축의 길이는 $2b$이다.

그러므로 선분 OP는 호 $\overset{\frown}{AC}$를 3등분할 뿐만 아니라, ∠AOC를 삼등분한다.

원추곡선을 활용한 파푸스의 두 번째 방법

앞의 방법으로부터 ∠AOC의 삼등분선을 작도하는 것과 호의 삼등분점을 찾는 것은 서로 동치라는 사실을 유추할 수 있다. 이제 소개할 파푸스의 두 번째 방법에서는 주어진 호를 삼등분하는 점을 찾는 것을 통해 각의 삼등분 방법을 제시하고 있다.

원의 일부분인 호 $\overset{\frown}{APC}$가 주어져 있다. 호 $\overset{\frown}{APC}$를 삼등분하는 점 P를 작도해 보자. 만약 호 $\overset{\frown}{APC}$의 삼등분 점 P를 작도할 수 있다면 호 $\overset{\frown}{APC}$의 중심각의 삼등분선을 작도한 것으로 볼 수 있다(〈그림 5-11〉 참고).

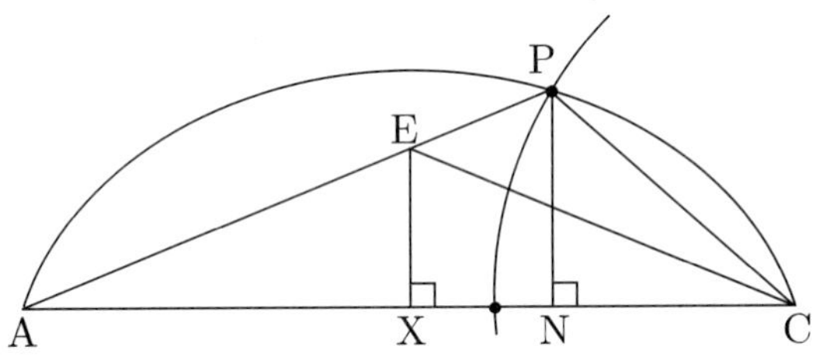

〈그림 5-11〉 파푸스의 원추곡선 3

그럼, 여기서 호 $\overset{\frown}{APC}$의 삼등분 점 P가 주어져 있다고 가정해 보자. 호 $\overset{\frown}{CP}$는 호 $\overset{\frown}{APC}$의 삼등분 호이다. 또한 선분 AP, 선분 CP를 그으면, ∠ACP의 크기는 ∠CAP의 크기의 두 배가 된다. ∠ACP의

이등분선이 선분 AP와 만나는 점을 E라고 하고, 점 E와 점 P에서 선분 AC에 내린 수선의 발을 각각 점 X, 점 N이라고 하자. 그러면, 선분 AE의 길이와 선분 EC의 길이가 같으므로 ∠EAC의 크기는 ∠ECA의 크기와 같다. 따라서 선분 AX는 선분 CX의 길이와 같다.

또, $AC : CP = AE : EP = AX : NX$[12]이므로, $AC : AX = CP : NX$이다. 또한, $AC = 2AX$이므로 $CP = 2NX$이다. 즉, 점 P는 점 C를 초점으로 하고 직선 EX를 준선으로 하는 이심률은 2인 쌍곡선 위의 점이 된다.

그러므로 주어진 호를 삼등분하기 위해서는 호의 양끝점을 연결한 선분 AC의 중점 X를 잡고, 점 X를 지나면서 선분 AC에 수직인 직선 EX를 작도한 다음, 점 C를 초점으로 하고 직선 EX를 준선으로 하면서 이심률이 2인 쌍곡선을 그리면 된다. 이때, 쌍곡선과 호와의 교점이 주어진 호를 삼등분하는 점이 된다.

히피아스의 쿼드라트릭스

쿼드라트릭스*Quadratrix*는 원과 동일한 넓이를 가지는 정사각형을 작도하는 문제와 각을 삼등분하는 문제를 해결하기 위한 노력의 결과로 히피아스*Hippias*에 의해 개발되었다. 아래 〈그림 5-12〉와 같이 반지름의 길이가 1인 사분원 OAB가 있다. 점 C는 선분 OA를 따라 점 O에서 출발하여 점 A까지 일정한 속도로 움직이고 있다. 점 D는

12) 삼각형 CAP에서 ∠ACP의 이등분선이 선분 CE이므로 $AC : CP = AE : EP$이다.

호 BA를 따라 점 B에서 출발하여 점 A까지 일정한 속도로 움직이고 있다. 점 C와 점 D는 동시에 출발하여 동시에 점 A에 도착하고, 일정한 속도로 움직이고 있다.

점 C를 지나고 선분 OB에 평행한 직선이 선분 OD와 만나는 점을 P라고 하자. 점 C가 움직임에 따라 점 P에 의해서 그려지는 자취를 쿼드라트릭스라 한다. 따라서 쿼드라트릭스의 정의에 의해서 호 BD와 호 BF의 비는 선분 OC와 선분 OE의 길이의 비와 같다. 즉, $\dfrac{\mathrm{OC}}{\mathrm{OE}}=\dfrac{\overset{\frown}{\mathrm{BD}}}{\overset{\frown}{\mathrm{BF}}}=\dfrac{\angle\alpha}{\angle\beta}$가 성립한다(〈그림 5-12〉 참고).

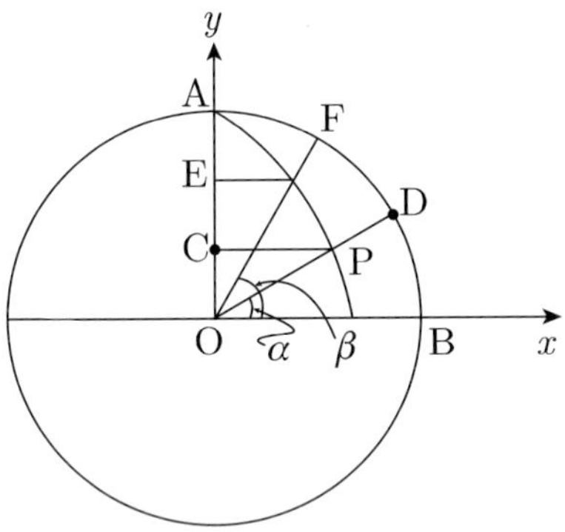

〈그림 5-12〉 쿼드라트릭스 1

만약 $\angle\mathrm{BOF}=\beta$가 $\angle\mathrm{BOD}=\alpha$에 의해서 삼등분이 되는 각이라면 쿼드라트릭스의 정의에 의해서 $\mathrm{OC}=\dfrac{1}{3}\mathrm{OE}$이어야 한다. 그러므로 위의 식으로부터 다음 결과를 얻을 수 있다.

$$\frac{1}{3}\frac{\mathrm{OE}}{\mathrm{OE}}=\frac{\alpha}{\beta}\text{ 혹은 }3\alpha=\beta$$

이제 좌표평면 위에서의 쿼드라트릭스에 대해 생각해 보자. 가로축과 세로축으로 각각 직선 OB, OA를 취하고, 곡선 위의 임의의 점을 $\mathrm{P}(x, y)$라고 하자. 그러면, $\frac{\mathrm{OC}}{\mathrm{OA}} = \frac{\alpha}{\frac{\pi}{2}}$이고, $x = \mathrm{OP}\cos\alpha$, $\mathrm{OA} = 1$, $\mathrm{OC} = y$ 이기 때문에 다음을 만족함을 알 수 있다.

$$x = y\cot\alpha \ , \qquad y = \frac{2\alpha}{\pi}$$

이것은 곡선 쿼드라트릭스의 매개변수방정식이 되고, 매개변수 α를 제거함으로서 직교방정식 $y = x\tan(\frac{\pi y}{2})$을 얻을 수 있다. 따라서 쿼드라트릭스를 통해 각의 삼등분이 가능함을 알 수 있다.

파스칼의 리마콘

리마콘*Limacon*은 파스칼*Pascal*에 의해 1650년에 발명되어졌고, 그 이후 각의 삼등분 문제 해결에 유용하게 활용될 수 있음을 확인하였다. 먼저 파스칼이 만든 리마콘은 어떻게 만들어지는지 살펴보자. 리마콘은 앞에서 정의된 콘코이드와 유사한 방식으로 정의되어질 수 있다.

리마콘을 만들기 위해서는 먼저 단위원 O를 그리고, 원 위의 임의의 한 점 S를 잡는다. 이제 점 S를 지나는 수많은 직선을 긋고 각각의 직선이 원과의 교점을 P라고 하자. 직선 위의 점 P에서 일정한 거리 (a)에 있는 점을 A라고 할 때, 점 A의 자취를 리마콘이라고 부른다 (〈그림 5-13〉 참고).

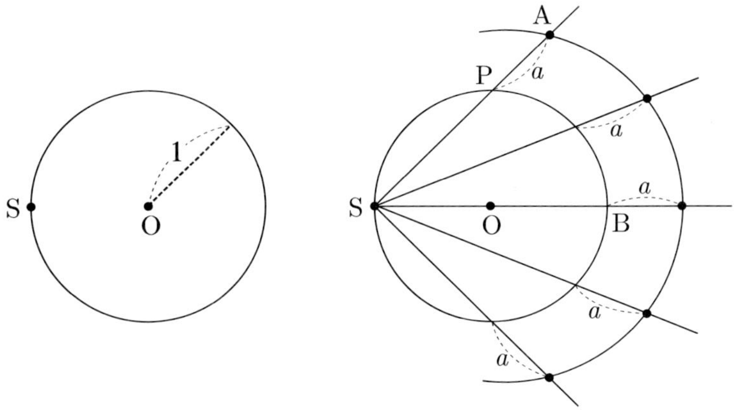

〈그림 5-13〉 리마콘 1

이제 리마콘을 활용하여 어떻게 각을 삼등분할 수 있는지에 대해 살펴보자. 위의 그림에서 일정한 거리 a가 1(즉, $\mathrm{PA}=1$)인 경우를 생각해 보자.

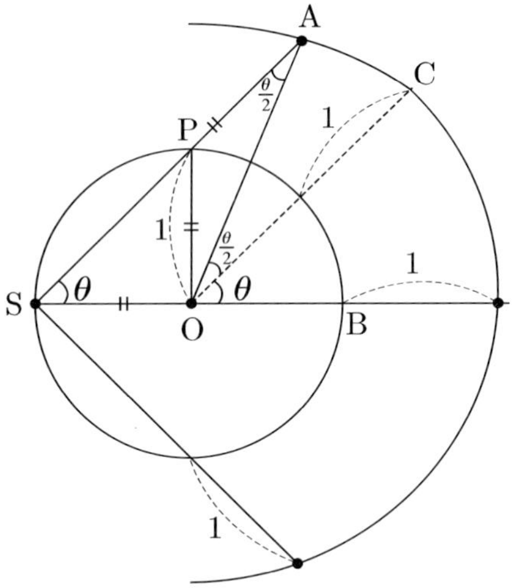

〈그림 5-14〉 리마콘 2

단위원을 그리고, 원 위의 한 점 S에서 $a=1$이 되도록 하는 리마콘을 그린다. 그다음, 삼등분하기를 원하는 각의 한 변이 원의 중심을 지나는 직선 SB 위에 오도록 각을 올려 놓고, 리마콘과의 교점을 A라고 하자(〈그림 5-13〉 참고). 그리고, 점 O를 지나면서 직선 AS와 평행인 직선을 그리면, 이 직선이 $\angle AOB$를 삼등분하는 직선이 된다(〈그림 5-14〉 참고).

증명 선분 PA의 길이가 1이므로 $AP=PO=SO=1$이다. 그러므로 삼각형 APO, 삼각형 SOP는 이등변삼각형이 된다.
따라서 $\angle ASO=\theta$라고 하면, $\angle SPO=\theta$이고, $\angle POA=\angle PAO=\frac{\theta}{2}$이다. 또한, $\angle AOB=\angle BOP-\angle AOP=2\theta-\frac{\theta}{2}=\frac{3\theta}{2}$가 된다. 그런데, 직선 OC가 직선 SA에 평행이므로 $\angle COB=\theta$이다.
이를 통해 $\angle AOC=\frac{\theta}{2}$임을 확인할 수 있으므로 직선 OC는 $\angle AOB$의 삼등분선이다. ■

체바의 사이클로이드를 이용한 방법

체바*Ceva*는 아르키메데스의 부착법*insertion*을 본보기로 하여 새로운 곡선을 고안하였다. 이 곡선은 '*Cycloidum anomalarum*'이라고 불리는 것으로 각의 삼등분과 깊은 관련이 있다. 우리는 이 곡선을 간단하게 사이클로이드*Cycloid*라고 부르도록 한다(〈그림 5-15〉 참고).

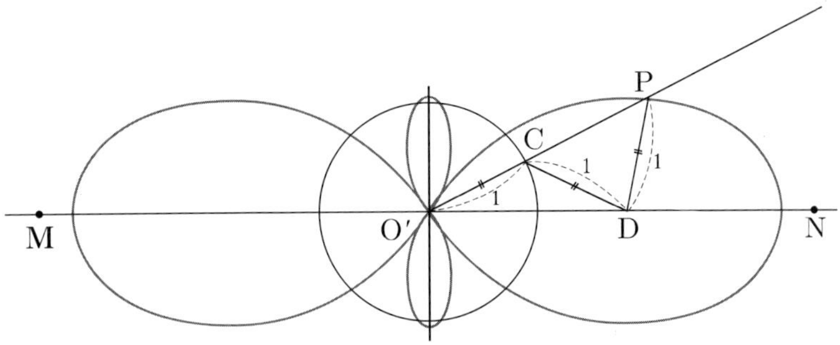

〈그림 5-15〉 체바의 사이클로이드 1

먼저 사이클로이드를 그리는 방법에 대해 구체적으로 살펴보자. 이 곡선을 그리기 위해서는 직선 MN 위에 임의의 한 점 O′을 잡아, O′을 중심으로 하는 단위원을 그린다. 그 다음 중심 O′을 지나는 수많은 직선을 긋고, 이 직선 위에 다음을 만족하는 점 P를 잡는다.

$$O'C = CD = PD = 1$$

점 O′을 지나는 직선 위의 점 P의 자취가 체바의 *Cycloidum anomalarum*(간단히 사이클로이드)이다.

이제 사이클로이드를 이용하여 각의 삼등분선을 어떻게 작도할 수 있는지에 대해 살펴보자.

〈그림 5-16〉과 같이 삼등분할 임의의 각 AOB를 직선 MN 위에 놓이게 한다. 그 다음 직선 OA위에 $OE = 1$이 되도록 하는 점 E를 잡는다. 점 E를 지나고 직선 MN에 평행인 직선이 사이클로이드와 만나는 점을 P라 하고, 직선 O′P를 긋는다. 마지막으로 O를 지나면서 직선 O′P에 평행한 직선을 그으면, 이 직선이 각 AOB의 삼등분선

이 된다.

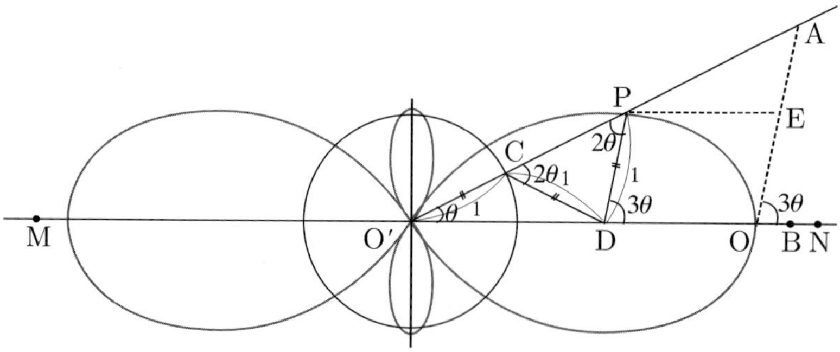

〈그림 5-16〉 체바의 사이클로이드 2

증명 직선 OA 위에 점 E를 잡으면, 사각형 PDOE는 평행사변형이 된다. 따라서 $\angle PDO = \angle AOB$가 된다. 그런데, 점 P는 사이클로이드 위의 점이므로 $\angle PO'D = \theta$라고 하면, $\angle PDO = 3\theta$이므로 $\angle AOB = 3\theta$이다. 따라서 점 O를 지나고 직선 O′P에 평행한 직선은 $\angle AOB$를 삼등분한다. ■

기계적 도구를 이용한 방법

앞에서는 곡선을 이용하여 다양한 각의 삼등분 방법에 대해 살펴보았다. 대부분이 삼차이상의 곡선이나 방정식을 사용하고 있다. 임의의 각의 삼등분을 가능하게 해 주는 다양한 곡선들과 고차방정식이 존재한다는 것이 매우 흥미로웠다. 또한 얼마든지 임의의 각을 삼등분할 수 있게 해 주는 곡선을 개발할 수 있다는 점은 우리에게 새로운 도전과 과제를 던져주고 있다.

반면 이러한 다양한 곡선의 개발은 각의 삼등분의 가능성의 측면에서는 매우 유용하지만, 이러한 곡선을 직접 손으로 그려야 한다는 측면에서는 매우 불편한 점이 많다. 우리는 컴퍼스라는 도구를 매우 유용하게 사용하여 왔다. 하지만 앞에서 언급된 다양한 종류의 곡선을 그리는 도구는 거의 존재하지 않는다. 심지어 가장 간단하다고 볼 수 있는 이차곡선 $y=x^2$을 그리는 것에도 쉽지 않음을 우리는 알고 있다. 실제로 대부분의 문서작업을 우리는 컴퓨터에서 진행하고 있지만, 원을 제외한 다른 이차곡선을 그리는 것은 매우 어렵다는 것이다.

따라서 이번에는 곡선들을 직접 그리지 않고, 특별히 고안된 기구를 이용하여 각을 삼등분할 수 있는 방법에 대해 살펴본다. 실제로 각의 삼등분 문제를 해결하기 위해 다양한 종류의 물리적인 도구들이 고안되어졌다. 이러한 도구들의 일부는 앞에서 다룬 곡선을 그릴 수 있도록 하거나, 삼등분방정식의 풀이에 도움을 주기도 하고, 일부는 주어진 각의 삼등분을 즉각적으로 실행할 수 있도록 해 준다.

우리가 알고 있는 기구는 컴퍼스, 직선 자(눈금이 있든 없든 관계없음) 정도가 고작이다. 하지만 이 절에서는 다양한 종류의 기구가 소개되어질 것이다. 여기서 소개되는 다양한 도구들을 구입하는 것은 거의 불가능하므로 이론적으로 도구들에 대해 깊이 있게 이해하도록 하면 좋을 듯하다. 혹시 가능하다면 직접 도구들을 만들어 보는 것도 좋은 방법이라고 생각되어진다. 일부 도구의 제작은 연습문제를 통해 한 번 실습해 보도록 하자.

특정 눈금이 기록된 자를 활용한 각의 삼등분

플라톤과 아르키메데스는 컴퍼스와 눈금이 표시된 자를 활용한 각의 삼등분 방법에 대해 알고 있었다. 즉, 플라톤과 아르키메데스는 유클리드적 도구를 가지고 각의 삼등분에는 실패하였지만, 도구를 활용한 각의 삼등분은 간단하게 할 수 있었다는 것을 의미한다. 그것도 자에 표시되어져 있는 눈금이 단 두 점만 있어도 각의 삼등분이 가능하다는 것이다.

그럼 어떻게 단 두 개의 눈금이 표시된 자를 활용하여 임의의 각에 대한 삼등분이 가능한지에 대해 살펴보자. 단 두 개의 점이 찍힌 자를 활용한 각의 삼등분 방법은 다음 두 가지 방법으로 설명되어질 수 있다.

먼저, 눈금이 찍힌 자와 직각을 활용한 방법에 대해 살펴보자. 임의의 각 AOB가 주어져 있고, 점 M과 점 N이 표시된 직선 자가 있다. 선분 MN의 길이는 2이다. 각 AOB를 만드는 한 쪽 변인 직선 OB 위에 선분 OC의 길이가 2가 되도록 하는 점 C를 잡는다. 선분 OC의 중점 Q를 잡고, 점 Q를 지나면서 직선 OA에 평행인 직선을 긋는다. 또한 점 Q를 지나면서 직선 OA에 수직인 직선을 긋는다. 즉, 점 Q를 지나는 두 직선이 서로 수직이 되도록 긋는다(〈그림 5-17〉 참고).

이제 그림과 같이 두 눈금이 표시된 직선 자를 삼등분하고자 하는 각 AOB 사이에 다음 규칙을 만족하도록 놓는다.

규칙 1. 점 Q를 지나면서 직선 OA에 평행인 직선 위에 눈금 N이 오도록 자를 이동한다.

규칙 2. 점 Q를 지나면서 직선 OA에 수직인 직선 위에 눈금 M이 오도록 자를 이동한다.

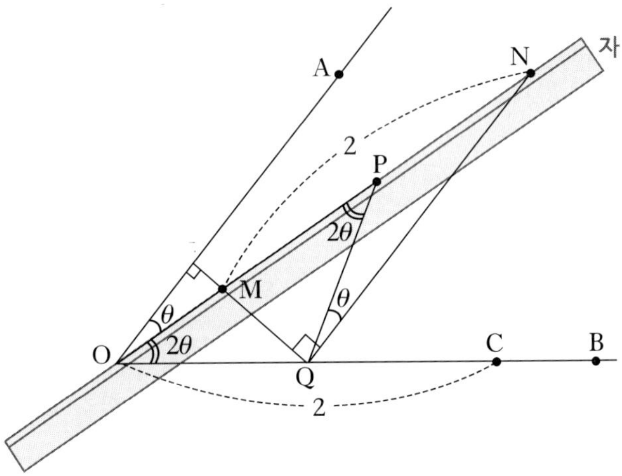

〈그림 5-17〉 직선 자를 이용한 각의 삼등분 1

주어진 규칙을 만족하면서 직선 자를 올려놓으면[13)] 주어진 각 AOB는 직선 자에 의해서 삼등분된다.

---

13) 이처럼 눈금이 있는 직선 자를 주어진 각과 특별히 그려져 있는 직각 사이에 놓는 것을 '부착(insertion)'되어 진다고 부르곤 한다. 이 때 직선 자는 부드럽게 미끄러지듯이 옮기면서 올려 놓는 작업이 수행되어져야 한다.

증명 직선 자에서 두 눈금 M, N 사이의 중점 P를 잡는다. 그러면 $\mathrm{PM} = \mathrm{PN} = 1$을 만족한다. 또한 점 Q가 선분 OC의 중점이므로 $\mathrm{OQ} = \mathrm{QC} = 1$을 만족한다.

$\angle \mathrm{AON} = \theta$라고 한다면, 평행선의 성질에 의해서 $\angle \mathrm{ONQ} = \theta$를 만족해야 한다. 또한 삼각형 PQN은 이등변삼각형이 되므로, $\angle \mathrm{PQN} = \theta$를 만족한다. 따라서 삼각형의 외각에 대한 성질에 의해서

$\angle \mathrm{OPQ} = \angle \mathrm{PQN} + \angle \mathrm{PNQ} = \theta + \theta = 2\theta$이다.

삼각형 QPO도 이등변삼각형이므로 $\angle \mathrm{POQ} = 2\theta$이다.

따라서 $\angle \mathrm{AOB} = \angle \mathrm{AON} + \angle \mathrm{POQ} = \theta + 2\theta = 3\theta$가 되므로, 직선 ON은 ∠AOB를 삼등분함을 알 수 있다. ■

둘째, 눈금이 찍힌 자와 반원을 이용하는 방법에 대해 살펴보자. 임의의 각 AOB가 주어져 있고, 점 P와 점 Q가 표시된 직선 자가 있다. 선분 PQ의 길이는 1이다. 점 O를 중심으로 하는 단위원을 컴퍼스를 이용하여 그린다. 단위원과 직선 OA와 만나는 점을 R라고 하자(〈그림 5-18〉 참고).

이제 그림과 같이 두 눈금이 표시된 직선 자를 삼등분할 각 AOB 사이에 다음 규칙을 만족하도록 놓는다.

규칙 1. 점 P는 직선 OB의 연장선 위에 놓이도록 한다.

규칙 2. 점 Q는 점 O를 중심으로 하는 원 위에 오도록 한다.

규칙 3. 직선 자가 점 R를 지나도록 한다.

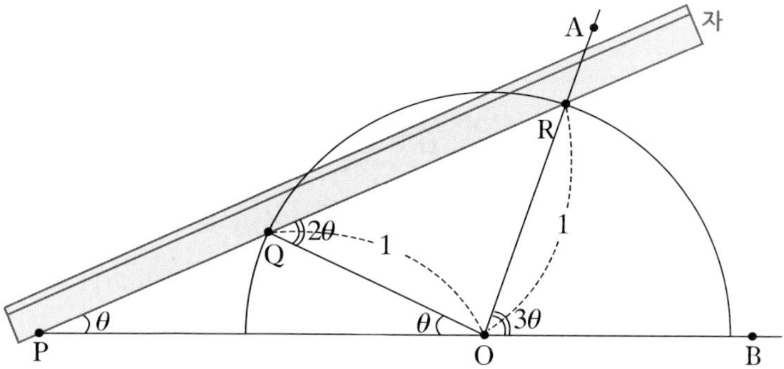

〈그림 5-18〉 직선 자를 이용한 각의 삼등분 2

주어진 규칙을 만족하도록 직선 자를 올려놓고, 점 O를 지나면서 직선 PR에 평행한 직선을 그으면 이 직선은 주어진 각 AOB를 삼등분한다.

증명 원의 반지름이 1이고, 직선 자에서 두 눈금 P, Q 사이의 거리가 1이므로 삼각형 PQO는 이등변삼각형이다. 또한, 원 위의 두 점 Q, R와 원의 중심 O가 만드는 삼각형 OQR도 이등변삼각형이 된다. 따라서 $PQ = OQ = OR = 1$을 만족한다.

$\angle RPO = \theta$라고 한다면, 이등변삼각형의 성질에 의해 $\angle POQ = \theta$를 만족해야 한다. 따라서 삼각형의 외각에 대한 성질에 의해서 $\angle OQR = \theta + \theta = 2\theta$이고, 이등변삼각형의 성질에 의해 $\angle ORQ = 2\theta$이다.

따라서 $\angle AOB = \angle OPR + \angle ORP = \theta + 2\theta = 3\theta$ 가 되므로, 점 O를 지나고 직선 PR와 평행한 직선은 평행선의 성질에 의해서 $\angle AOB$를 삼등분한다. ■

헤르메스의
컴퍼스를 활용한 각의 삼등분

헤르메스*Hermes*는 각의 삼등분을 위한 특별한 도구를 1883년에 고안하였다. 이 도구는 특별한 모양을 가지고 있는 컴퍼스인데, 일반 컴퍼스가 두 개의 다리를 가지고 있는 것에 비해 이 컴퍼스는 세 개의 다리를 가지고 있는 것이 가장 큰 특징이라고 할 수 있다. 이 컴퍼스를 헤르메스의 컴퍼스라고 부르는데, 세 다리 중에서 두 다리는 고정되어져 있어서 항상 일정한 거리를 유지하고 있다.

그럼 헤르메스의 컴퍼스를 이용하여 어떻게 각을 삼등분할 수 있는지 그 원리에 대해 살펴보자.

헤르메스의 컴퍼스는 〈그림 5-19〉와 같이, 두 다리가 기본적으로 주어져 있고 한 쪽 다리는 일반적인 컴퍼스와 동일하지만, 다른 한 쪽 다리가 두 개의 다리로 분리되어져 있다. 한 쪽 다리의 끝을 점 L, 다른 쪽 다리의 양쪽 끝을 M, N이라고 한다면, 두 점 M과 N 사이의 거리는 1로 항상 일정하게 유지하고 있다. 일반 컴퍼스와 마찬가지로 기본적인 두 다리는 자유롭게 움직일 수 있다.

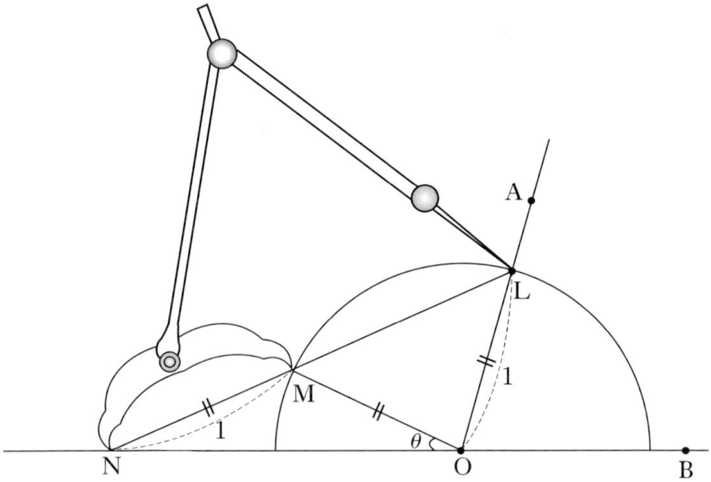

〈그림 5-19〉 헤르메스의 컴퍼스와 각의 삼등분

삼등분을 하고자 하는 임의의 각 AOB가 주어져 있다. 점 O를 중심으로 하는 단위원을 그린다. 그 다음 단위원과 직선 OA와의 교점 위에 헤르메스의 컴퍼스 한 쪽 다리 끝점 L을 올려놓는다. 컴퍼스를 적절한 만큼 벌려서 헤르메스의 다른 쪽 다리의 한 끝점 M은 원과 만나도록 하고, 또 다른 한쪽 끝점 N은 직선 OB의 연장선 위에 오도록 적절하게 위치 이동을 한다.

그러면, 점 O를 지나고 직선 NL에 평행한 직선이 주어진 각 AOB를 삼등분하는 직선이 된다.

증명 헤르메스의 컴퍼스의 세 다리가 위치하게 되는 점의 특성을 살펴보면 간단하게 증명되어질 수 있다. 선분 NM의 거리는 항상 일정한 1이고, 주어진 원이 단위원이므로 반지름의 길이도 1이 된다. 따라서 삼각형 OMN은 이등변삼각형이다. 또한, 점

M, L이 원 위의 두 점이므로 삼각형 OML도 이등변삼각형이 된다. 따라서 $\mathrm{NM} = \mathrm{OM} = \mathrm{OL} = 1$을 만족한다.

$\angle \mathrm{LNO} = \theta$라고 한다면, 이등변삼각형의 성질에 의해 $\angle \mathrm{MON} = \theta$를 만족해야 한다. 따라서 삼각형의 외각에 대한 성질에 의해서 $\angle \mathrm{OML} = 2\theta$이고, 이등변삼각형의 성질에 의해 $\angle \mathrm{OLM} = 2\theta$이다.

따라서 $\angle \mathrm{AOB}$의 크기는 삼각형 OLN의 한 외각이므로, $\angle \mathrm{AOB} = \angle \mathrm{ONM} + \angle \mathrm{OLN} = \theta + 2\theta = 3\theta$가 된다. 즉, 점 O를 지나고 직선 NL에 평행한 직선은 각 AOB를 삼등분한다.

■

세 개의 막대 도구를 활용한 각의 삼등분

세 개의 막대기를 활용한 각의 삼등분 도구는 매우 간단하면서도 간편하다. 이 방법은 파스칼이 개발한 리마콘의 원리와도 매우 유사하여, 리마콘을 그리는데도 유용하게 사용된 것으로 알려져 있다.

3개의 막대도구를 활용한 각의 삼등분 방법에 대해 간략하게 살펴보면 다음과 같다. 주어진 세 개의 막대기를 각각 막대 RQ, 막대 FO, 막대 OP라고 하고 이 세 막대기를 〈그림 5-20〉과 같이 연결해 보자.

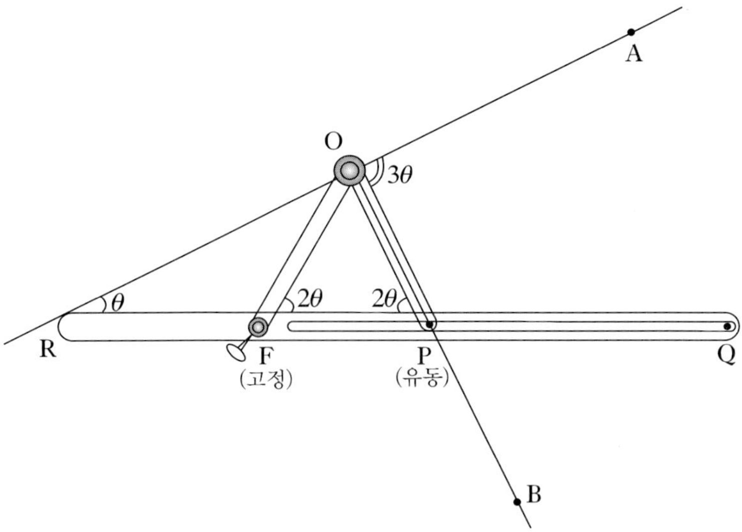

〈그림 5-20〉 3개 막대 도구와 각의 삼등분

〈그림 5-20〉에서 보는 것처럼, 세 막대기 중에서 두 막대의 길이는 서로 동일하고 한 막대의 길이는 다소 길다. 먼저 막대 RQ위에 막대 OF와 동일한 길이가 되는 지점을 점 R로부터 잡아, 막대 FO와 고정시킨다. 이 때 점 F를 고정점으로 하여 막대 OF가 자유롭게 회전할 수 있도록 구성한다. 그 다음 막대 OF와 막대 OP는 점 O를 중심으로 연결되어져 있지만 자유롭게 회전할 수도 있고 움직일 수도 있도록 구성한다. 마지막으로 막대 OP에서 점 P는 막대 RQ에서 고정된 점 F로부터 Q까지 홈이 파여져 있어 이 홈 안을 움직일 수 있도록 고안되어졌다. 즉, 점 P는 선분 FQ 사이를 자유롭게 움직일 수 있다.

삼등분하고자 하는 각 AOB가 주어져 있다. 다음 규칙을 만족하면서 세 개의 막대 도구를 삼등분하고자 하는 각 AOB 사이에 놓는다.

규칙 1. 세 막대 도구에서 직선 RO의 연장선 위에 주어진 각 AOB를 만드는 한 변 OA가 오도록 한다.

규칙 2. 세 막대 도구에서 막대 OP가 주어진 각 AOB를 만드는 다른 한 변 OB 위에 오도록 한다.

위의 규칙을 만족하면서 세 막대 도구를 올려놓으며, 각 ORF가 주어진 각 AOB를 삼등분하는 각의 크기가 된다. 따라서 각 ORF를 각 AOB로 옮겨 놓으면 각의 삼등분이 가능해진다.

증명 위의 방법이 옳다는 것을 보이기 위해서는 $\angle \mathrm{ORF} = \frac{1}{3}\angle \mathrm{AOB}$임을 보여줌으로서 가능해진다. 따라서 $\angle \mathrm{ORF} = \theta$라고 두었을 때, $\angle \mathrm{AOB} = 3\theta$임을 증명하면 된다.

막대 OF와 동일한 길이로 선분 RF를 잡았고, 막대 OF와 막대 OP의 길이는 같으므로 그림에서 삼각형 FOR, 삼각형 OFP는 이등변삼각형이 된다. 따라서 $\angle \mathrm{ORF} = \theta$라고 한다면, $\angle \mathrm{ROF} = \theta$이다. 또한 삼각형의 외각의 성질에 의해서 $\angle \mathrm{OFP} = 2\theta$이고, 이등변삼각형의 성질에 의해서 $\angle \mathrm{OPF} = 2\theta$가 된다.

삼각형 ORP에서 ∠AOB는 한 외각이므로 $\angle \mathrm{AOB} = \theta + 2\theta = 3\theta$가 된다. 따라서 $\angle \mathrm{ARQ}$에 의해 각이 삼등분됨을 알 수 있다. ■

체바의 축도기[14)]를 활용한 각의 삼등분

체바에 의해 만들어진 축도기가 각의 삼등분에 활용되어질 수 있다. 축도기의 특성상 축도기를 구성하고 있는 막대기들이 평행사변형을 이루고 있는데 이 성질을 이용하면 각을 간단하게 삼등분할 수 있다는 사실을 발견하였다.

체바의 축도기는 모두 네 개의 막대기로 구성되어져 있다. 두 개의 막대기끼리는 서로 길이가 같고, 서로 다른 두 종류의 길이를 가지는 막대기로 구성된다. 그림과 같이 긴 두 막대기를 한 점 P에 연결하고, 자유롭게 벌릴 수 있도록 만든다. 또한 나머지 짧은 두 막대기는 점 P에서 짧은 막대기의 길이만큼 되는 위치(그림에서는 점 R과 점 Q)에 서로 연결되어져 있다. 따라서 축도기에서 점 P, 점 R, 점 Q, 점 O는 모두 이음새 부분이 된다.

체바의 축도기를 이용하여 어떻게 주어진 각을 삼등분할 수 있는지에 대해 살펴보자. 임의의 각 AOB가 주어져 있다. 또한 점 O를 중심으로 하고, 반지름의 길이가 짧은 막대 길이와 동일한 원을 그린다.

이제 각 AOB의 이등분선을 긋고, 이 이등분선 위에 축도기의 점 P가 오도록 올려놓는다. 그 다음 축도기에서 짧은 두 막대의 연결 이음새 부분을 점 O에 올려놓는다. 그러면 축도기의 기본적인 구조

14) 축도기란 운동을 재현하거나 기하학적 도형을 확대, 축소, 복사를 가능하게 하는 도구이다. 축도기의 한 막대의 점이 복사하려고 하는 둘레를 따라 움직이면 다른 쪽 막대에 의해 확대, 축소, 복사된 모양의 도형을 얻을 수 있게 하는 도구이다. 축도기를 구성하는 막대기들의 배열은 평행사변형을 유지하는 것이 특징이다.

에 의해 축도기의 네 이음새 부분의 길이가 모두 같기 때문에 사각형 PQOR는 평행사변형(여기서는 마름모)을 이룸을 확인할 수 있다.

마지막으로 긴 막대기와 짧은 막대기의 이음새 부분인 점 R, 점 Q를 원의 둘레 위에 오도록 축도기를 적절한 각도만큼 벌린다. 그러면 점 P가 각의 이등분선 위에 있고, 점 O가 원의 중심에 위치하고, 점 R, Q가 원주 위에 정확하게 위치하게 되는데, 이 때 각 A′PB′의 크기가 각 AOB의 크기의 $\frac{1}{3}$이 된다. 즉, 각 A′PB′를 각 AOB 내부에 옮겨 놓으면 각의 삼등분선을 얻을 수 있다(〈그림 5-21〉 참고).

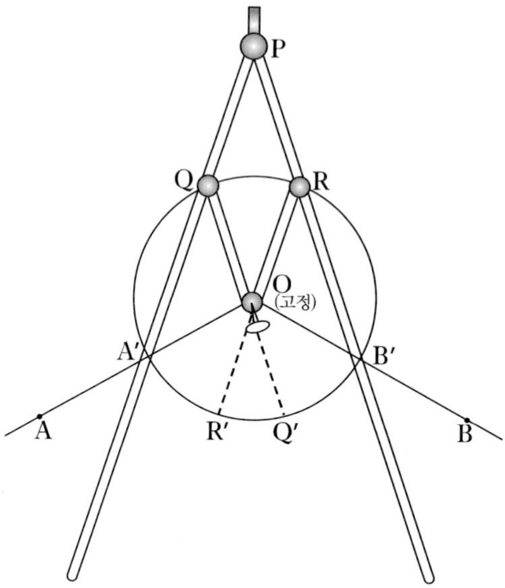

〈그림 5-21〉 체바의 축도기와 삼등분

증명 축도기의 구성에 의해서 PR = PQ = QO = RO를 만족한다. 따라서 사각형 PQOR는 평행사변형이다. 평형사변형의 성질에 의해서 마주보는 두 대각의 크기는 서로 같고, 마주 보는 두 대변은 서로 평행이다. 즉 $\angle QPR = \angle QOR$, $PQ//RO$, $PR//QO$이다.

이제 선분 RO, 선분 QO의 연장선을 긋고 원과의 교점을 각각 R′, Q′이라고 하고, 축도기의 긴 막대와 원과의 또다른 교점을 A′, B′이라고 하자. 그러면 선분 QA′과 RR′, 선분 QQ′과 RB′이 각각 서로 평행이 된다. 그런데 원에서 평행한 두 선분에 의해서 만들어지는 호의 길이는 서로 같기 때문에, $\overset{\frown}{QR} = \overset{\frown}{A'R'} = \overset{\frown}{Q'B'}$이 성립한다. 또한 $\angle QOR$과 $\angle R'OQ'$은 서로 맞꼭지각이기 때문에 서로 같다. 같은 중심각에 대한 호의 길이도 서로 같기 때문에 $\overset{\frown}{QR} = \overset{\frown}{R'Q'}$이다.

결국 $\angle AOB$에 의해 만들어지는 $\overset{\frown}{A'B'}$의 길이는 세 부분으로 등분할된다. 즉, $\overset{\frown}{A'R'} = \overset{\frown}{R'Q'} = \overset{\frown}{Q'B'}$이다. 따라서 같은 길이의 호에 대한 중심각의 크기가 서로 동일하다는 정리에 의해서 $\angle A'OR' = \angle R'OQ' = \angle Q'OB'$이 성립한다. 이는 $\angle AOB$가 삼등분되어짐을 알 수 있다. 즉, 체바의 축도기에 의해 만들어지는 평행사변형의 한 각의 크기가 주어진 각의 크기를 삼등분한다. ■

목수의 곱자를 활용한 각의 삼등분

목수의 곱자를 활용한 각의 삼등분은 아르키메데스의 방법만큼이나 매우 유명한 방법이다. 간단한 직각 모양의 자만으로 임의의 각을 삼등분할 수 있다는 것이 매우 흥미롭다. 이 곱자는 니콜슨*Nicholson*과 오브리*Aubry* 등에 의해 임의의 각을 삼등분하거나 삼등분을 위한 곡선을 그리기 위해 사용되어졌다.

먼저 목수의 곱자가 어떻게 구성되어져야 하는지 살펴보자. 목수의 곱자는 일정한 너비를 가지는 직각모양(한글 자모에서 ㄱ 모양을 하고 있다고 생각하면 됨)으로 이루어져 있다. 여기에서는 편의상 목수의 곱자의 너비를 1로 설정하도록 한다. 곱자의 너비가 1이므로 아래 그림과 같이 가로의 길이는 2가 되도록 하고, 세로의 길이는 임의의 길이로 구성한다(〈그림 5-22〉 참고).

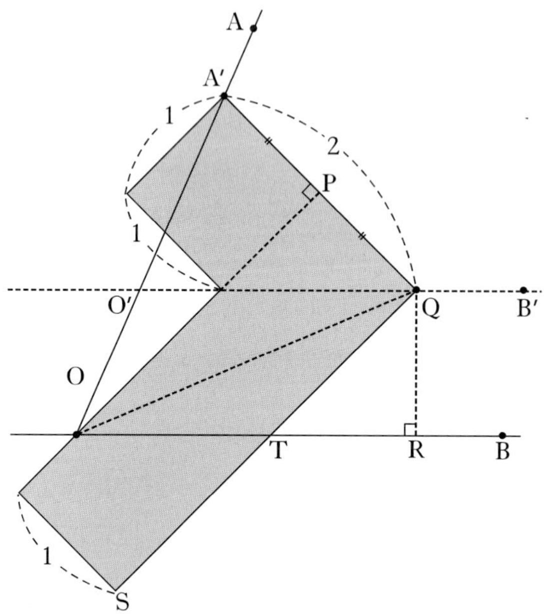

〈그림 5-22〉 목수의 곱자와 각의 삼등분

이렇게 만들어진 목수의 곱자를 이용하여 어떻게 주어진 각을 삼등분할 수 있는지에 대해 살펴보자. 먼저 삼등분할 각 AOB를 만든다. 그 다음 변 OA 위에 임의의 한 점 O′을 잡고, 점 O′을 지나면서 직선 OB와의 거리가 1이고 평행하도록 직선 O′B′을 긋는다(실제로 목수의 곱자는 평행선을 그을 때 매우 유용한 것으로 알려져 있고, 실제로 목수들이 평행선을 그을 때 사용한다고 함). 이제 곱자를 가지고 와서 주어진 각 AOB와 평행선 O′B′ 위에 아래 규칙을 만족하도록 잘 올려놓는다.

규칙 1. 곱자의 꺾어진 직각 부분과 곱자의 모서리 직각부분 Q가 직선 O′B′ 위에 오도록 한다.

규칙 2. 곱자의 가로 부분의 A′이 직선 OA 위에 오고, 곱자의 안쪽 세로 부분이 점 O에 오도록 한다.

위의 규칙을 만족하도록 목수의 곱자를 각 AOB 위에 올려 놓으면 직선 OP가 각 AOB를 삼등분한다.

증명 목수의 곱자에서 선분 A′Q의 길이는 2가 된다. 선분 A′Q의 중점 P를 잡으면 선분 A′P, 선분 PQ의 길이, 곱자의 너비가 모두 1이 되어 같아진다. 또한 점 Q에서 직선 OB에 내린 수선의 발을 R라고 하자.

그러면 점 O에서 선분 A′Q에 내린 수선이 점 P를 지나게 되므로, 이등변삼각형의 성질에 의해서 삼각형 OA′Q는 이등변삼각형이 된다. 따라서 삼각형 OPA′과 삼각형 OQP는 서로 합동인 직각삼각형이다. 또한 삼각형 OQR와 삼각형 OQP는 직각삼각형이고, 빗변 OQ가 공통이며, $PQ = QR = 1$이므로 서로 합동이다.

따라서 세 직각삼각형 OA′P, OQP, ORQ가 모두 합동이 된다. 그러므로 대응하는 세 각이 서로 같으므로 선분 OP, 선분 OQ는 ∠AOB를 삼등분한다. ■

토마호크를 활용한 각의 삼등분

토마호크*Tomahawk*를 누가 고안해 내었는지에 대해서는 명확하지 않지만, 메츠*Metz*가 쓴 책에 소개되어져 있는 것으로 알려져 있다. 토마호크는 목수의 곱자보다 훨씬 편리한 방법으로 임의의 각을 삼등분할 수 있다는 측면에서 매우 유용한 도구이다. 어떤 측면에서는 목수의 곱자를 상당히 많이 개량한 것으로 보인다. 토마호크는 단 한 번의 조작으로 임의의 각에 대한 두 삼등분선을 모두 얻을 수 있다는 장점을 지니고 있다.

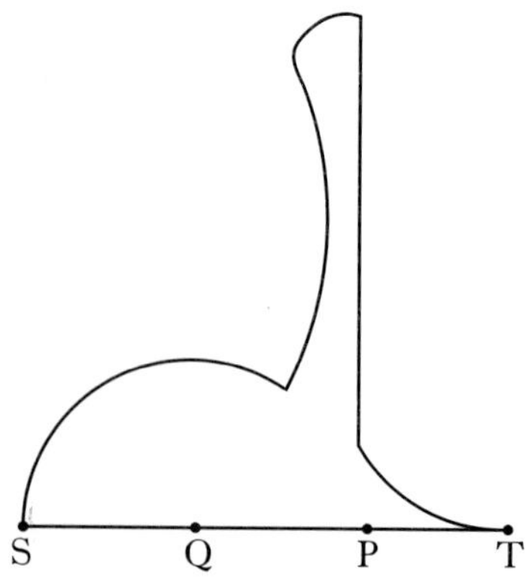

〈그림 5-23〉 토마호크

이제 구체적으로 토마호크의 구성에 대해서 살펴보자. 토마호크는 크게 두 부분으로 이루어져 있다. 하나는 반원이고 다른 하나는 반원에 접하는 직각삼각형이다. 그림과 같이 선분 ST를 긋고, 이 선분의 삼등분점을 각각 Q, P라고 하자. 선분 SP를 지름으로 하는 반원을 그리고, 점 P를 지나고 선분 ST에 수직인 직선을 그린다. 마지막으로 반원과 수직인 직선을 새의 부리처럼 적절하게 그린 것이 바로 토마호크이다(〈그림 5-23〉 참고).

이 토마호크를 통해 어떻게 주어진 임의의 각을 삼등분할 수 있는지 살펴보자. 각 AOB가 주어져 있다. 각의 한 쪽 변인 직선 OA는 토마호크의 점 T를 지나도록 하고, 각의 다른 쪽 변인 OB는 선분 PS를 지름으로 하는 반원에 접하도록 토마호크를 이동시킨다. 그러면 직선 OP, 직선 OQ가 각 AOB를 삼등분한다(〈그림 5-24〉 참고).

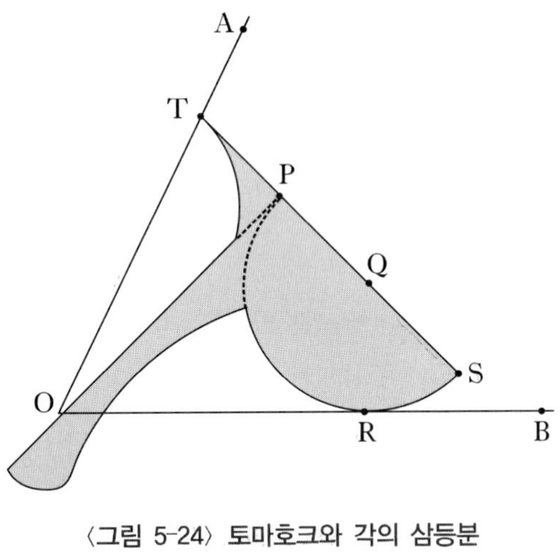

〈그림 5-24〉 토마호크와 각의 삼등분

증명 토마호크에서 선분 TP, 선분 PQ, 선분 QS의 길이는 서로 같다. 또한 직선 OB와 반원과의 교점을 R라고 하면 선분 QR의 길이는 선분 QS의 길이와 같다. 이제 삼각형 OPT, 삼각형 OPQ, 삼각형 ORQ는 모두 직각삼각형이 되고, 직각삼각형의 합동조건에 의해서 모두 합동이다.

따라서 $\angle TOP = \angle POQ = \angle QOR$이고, 이는 곧 직선 OP, 직선 OQ가 $\angle AOB$의 삼등분선임을 알 수 있다. ■

켐페의 삼중꼴을 활용한 각의 삼등분

영국의 켐페*Kempe*에 의해서 1875년에 개발된 특이하면서도 매우 효과적인 각의 삼등분 도구에 대해 살펴보자. 이 도구는 주어진 각의 크기를 두 배, 세 배, 네 배 등으로 점차 증가시킬 수 있다는 사실을 활용하는 것으로 매우 흥미로운 도구로 알려져 있다. 먼저 켐페의 삼중꼴 도구의 기초적인 원리를 단계별로 살펴보자.

[1단계]

서로 꼬여 있는 등변사다리꼴을 만든다. 그림과 같이 서로 길이가 다른 두 쌍의 막대(한 쌍의 막대끼리는 길이가 같음)가 주어져 있다. 이 네 개의 막대로 한 변이 꼬여 있는 등변사다리꼴을 완성한다. 꼬이는 두 변의 길이는 다른 두 변의 길이보다 더 길도록 한다(〈그림 5-25〉 참고).

이 때 막대 CO와 막대 OC′, 막대 C′O′과 막대 O′C가 이루는 각의 크기를 θ라고 하자.

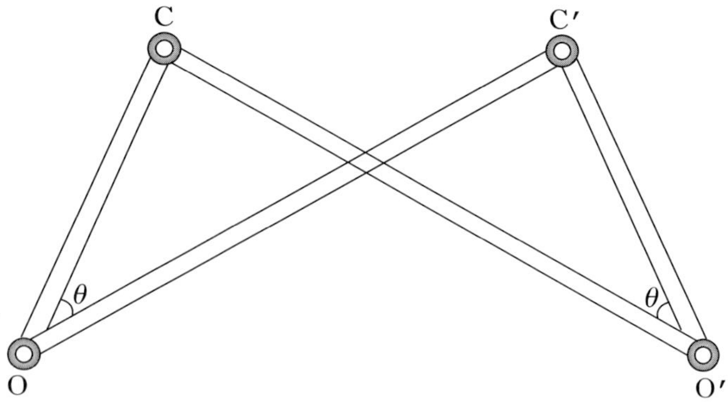

〈그림 5-25〉 삼중꼴 1

[2단계]

1단계에서 짧은 막대(막대 CO)를 새로운 등변사다리꼴의 대각선이 되도록 하는 새로운 등변사다리꼴을 추가적으로 구성한다. 즉, 막대 CO와 길이가 같은 막대 DE를 대각선이 되도록 하고, 이 보다 짧은 동일한 길이의 두 막대 DO, 막대 CE를 두 변으로 하는 등변사다리꼴을 완성한다(실제로, 막대 CE는 기존의 막대 O′C 위에 형성됨). 이 때 막대 DO와 막대 CO가 이루는 각의 크기도 역시 θ가 되도록 등변사다리꼴을 구성한다. 결국 새로 만들어지는 등변사다리꼴은 처음 등변사다리꼴과 닮음이 된다(〈그림 5-26〉 참고).

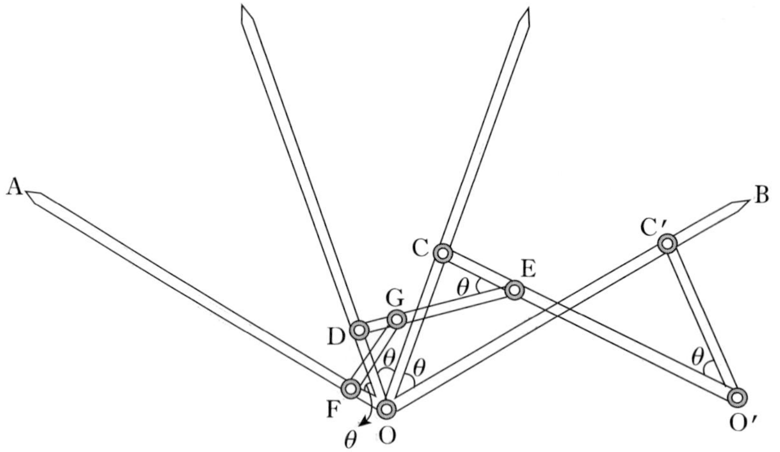

〈그림 5-26〉 삼중꼴 2

[3단계]

2단계에서 짧은 막대(막대 DO)를 새로운 등변사다리꼴의 대각선이 되도록 하는 새로운 등변사다리꼴을 또 구성한다. 즉, 막대 DO와 길이가 같은 막대 FG를 대각선이 되도록 하고, 이 보다 짧은 동일한 길이의 두 막대 FO, 막대 DG를 두 변으로 하는 등변사다리꼴을 완성한다(실제로, 막대 DG는 기존의 막대 DE 위에 형성됨). 이 때 막대 FO와 막대 DO가 이루는 각의 크기도 역시 θ가 되도록 구성한다. 결국 새로 만들어지는 등변사다리꼴은 이전의 두 등변사다리꼴과 닮음이 된다.

[$n-1$단계]

앞의 과정과 동일함.

[n단계]

$(n-1)$단계에서 짧은 막대를 새로운 등변사다리꼴의 대각선이 되도록 하는 새로운 등변사다리꼴을 또 구성한다. 이 때 만들어지는 등변사다리꼴에서 막대가 이루는 두 각의 크기를 θ로 만들어야 한다. 즉, 모든 등변사다리꼴은 서로 닮음이 되도록 구성해 간다.

이제 켐페의 삼중꼴을 어떻게 활용하면 임의의 각을 삼등분할 수 있는지에 대해 살펴보자. 앞에서 원리를 설명할 때에는 n번을 반복하였지만 켐페의 각의 삼등분을 위해서는 3단계의 과정만 필요하다. 왜냐하면 처음에 두 막대가 이룬 각이 θ이므로, 이 과정을 세 번 반복하면 3θ의 각을 얻을 수 있기 때문이다. 위의 그림 '삼중꼴 2'에서 볼 수 있듯이 점 O를 중심으로 3θ의 각이 만들어지고 우리는 이 각을 이용하여 임의의 각에 대한 삼등분선을 얻을 수 있다.

즉, 임의의 각 AOB가 주어져 있다고 하자. 각을 이루는 한 변인 직선 OA를 막대 OF 위에 올려 두고, 각을 이루는 다른 한 변인 직선 OB를 막대 OC′에 올려놓는다. 그러면, 막대 OC와 막대 OD가 주어진 각 AOB의 삼등분선이 된다.

이와 같은 방법에 의한 각의 삼등분은 켐페의 도구를 만드는 원리에 의해서 너무나 자명하다. 단지 한 가지 의문이 생길 수 있다. 각각의 막대들의 이음새 부분이라고 할 수 있는, 점 O, 점 F, 점 D, 점 G, 점 C, 점 E, 점 C′, 점 O′이 자유롭게 움직일 것인가에 대한 문제이다. 이들 각각의 점들은 서로 네 개의 큰 막대 위에 단순하게 연결되어져 있기 때문에 어떤 한 개의 막대기가 움직이면 자유롭게 회전되어짐을 확인할 수 있기 때문에 전혀 문제가 발생하지 않는다. 따라서 임의의 각 AOB가 주어지면 삼등분은 간단하게 이루어진다.

원뿔을 활용한 각의 삼등분

여기서는 원뿔 및 이에 대한 전개도를 이용하여 각의 삼등분을 하는 방법에 대해 고찰한다. 이 방법은 오브리에 의해서 고안되어진 방법으로 매우 간단하면서도 입체를 활용한다는 측면에서 생소한 느낌을 받는 방법이다.

구체적으로 오브리가 제시한 원뿔이 무엇인지 살펴보자. 이 원뿔의 모선의 길이는 원뿔의 밑면의 반지름의 길이의 3배가 되도록 구성하여야 한다. 즉, 밑면의 반지름 OA의 길이를 r라고 할 때, 모선 VA의 길이는 $3r$가 된다(〈그림 5-27〉 참고).

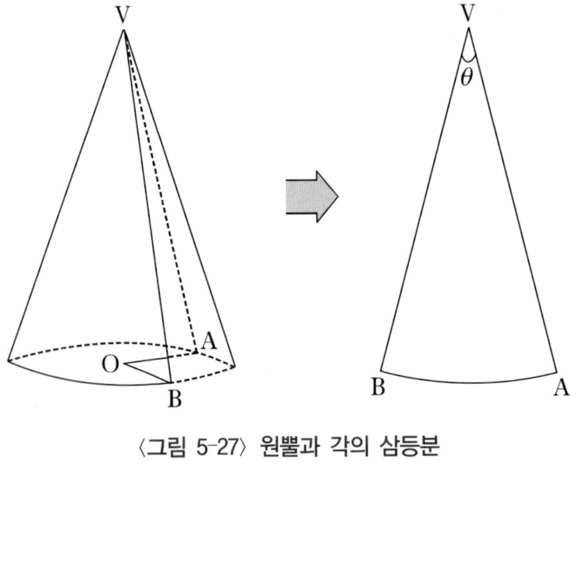

〈그림 5-27〉 원뿔과 각의 삼등분

이제 원뿔의 밑면에 삼등분하고자 하는 각 AOB(편의상 각의 크기는 3θ)를 설정한다. 점 A, B는 밑면인 원의 둘레에 있는 점이고, 점 O는 밑면의 중심이다.

이 상황에서 원뿔을 펼쳐 전개도로 나타내고, 전개도의 일부분인 부채꼴 VAB를 잘라내면, 각 AVB가 각 AOB의 $\frac{1}{3}$, 즉 θ의 크기를 가지게 된다.

증명 그림처럼 원뿔의 밑면에 두 점 A, B를 잡고, ∠AOB를 설정하면, $\widehat{\mathrm{AB}}$의 길이는 $3r\theta$가 된다. 또한 원뿔을 펼쳐 전개도를 만들어 부채꼴 VAB를 잘라 내었다고 생각해 보자. 그러면 선분 AV는 $3r$이고, 잘라낸 전개도에서 $\widehat{\mathrm{AB}}$의 길이는 $3r(\angle \mathrm{AVB})$가 된다.

따라서 원뿔에서의 $\widehat{\mathrm{AB}}$의 길이와 펼친 전개도에서 $\widehat{\mathrm{AB}}$의 길이는 서로 같아야 하므로, $3r\theta = 3r(\angle \mathrm{AVB})$가 성립한다. 즉, $\angle \mathrm{AVB} = \theta$가 된다.

그러므로 $\angle \mathrm{AVB}$에 의해 $\angle \mathrm{AOB}$는 삼등분된다. ■

기타방법

삼각자 한 쌍을 활용한 각의 삼등분

우리는 초등학교에서부터 삼각자를 다양한 목적으로 사용해 오고 있다. 초등학교에서는 수학시간에 직각을 나타내기 위해 사용하고 있고, 중학교에서는 가정이나 기술시간에 도면의 작성 등에 사용되고, 수학시간에도 평행선과 관련하여 사용하고 있다. 비록 중학교 2학년 이후에는 삼각자를 사용하지 않고 있지만 학생들에게나 교사들에게 매우 친근한 도구임에는 틀림이 없는 것 같다.

간단하게 삼각자의 구성에 대해 살펴보자. 삼각자는 그림과 같이 두 종류의 직각삼각형 모양의 자로 구성된다. 한 삼각자는 한 각의

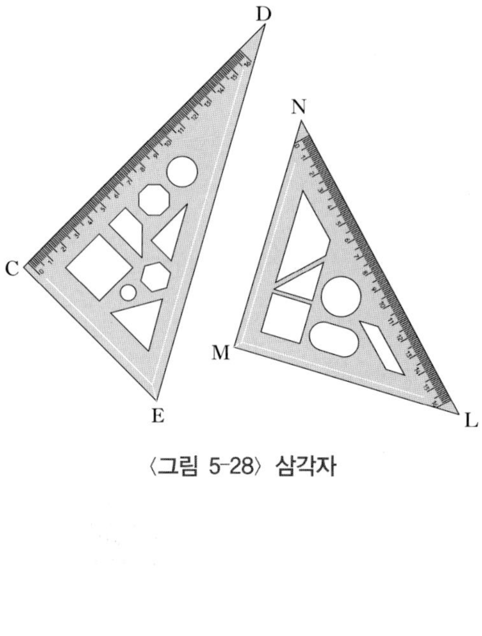

〈그림 5-28〉 삼각자

크기가 30°인 직각삼각형 모양이고 다른 삼각자는 직각이등변삼각형 모양이다. 이 때 왼쪽 삼각자의 한 변의 길이와 오른쪽 삼각자의 빗변의 길이는 서로 같은 것이 가장 큰 특징이다(〈그림 5-28〉 참고).

이제 구체적으로 삼각자 한 쌍을 어떻게 각의 삼등분에 사용하는지 살펴보자. 임의의 각 AOB(앞의 다른 방법과 같이 편의상 이 각의 크기는 3θ라고 간주함)가 주어져 있다. 점 O와 점 B를 지나는 직선을 긋고, 이 직선 OB에 수직이고 점 O를 지나는 직선을 긋는다. 즉, 점 O에서 교차하는 수직인 두 직선을 만든다. 이제 점 O를 중심으로 하는 단위원을 작도하고, 수직인 두 직선과의 네 교점을 각각 X, Y, Z, W라고 하자.

직선 OA와 단위원과의 교점을 A′이라고 하고, 선분 OA′의 직선 OB 위로의 정사영을 잡으면 정사영의 길이 a는 $OA'\cos 3\theta$이다. 그리고 점 O로부터 직선 OW 방향으로 3만큼 떨어진 점 P를 잡고, 점 P에서 직선 OB와 평행한 방향으로 $2a$만큼 떨어진 점 S를 잡는다(〈그림 5-29〉 참고).

이제 한 쌍의 삼각자를 다음과 같은 규칙으로 주어진 각 AOB와 단위원 및 수직인 두 직선 위에 올려놓는다.

규칙 1. 삼각자 CDE의 점 C는 직선 OB위에 오도록 하고, 삼각자의 변 CD는 원 위의 한 점 Y를 지나도록 배치한다.

규칙 2. 삼각자 LMN의 점 M은 직선 OW위에 오도록 하고, 삼각자의 변 NM은 다른 삼각자의 변 CE와 일치하도록 배치한다. 이 때, 삼각자의 변 LM 위에 점 S가 지나도록 하여야 한다.

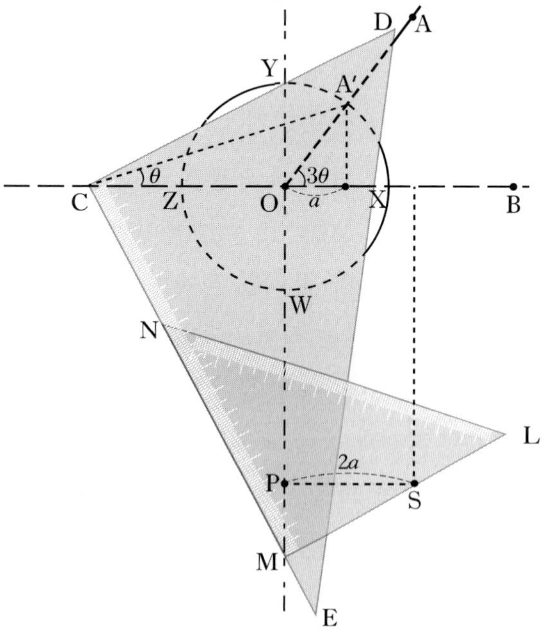

〈그림 5-29〉 삼각자를 이용한 방법

두 삼각자를 위와 같은 규칙으로 배치하면 각 OCA′의 크기는 θ가 된다. 즉, 점 O를 지나고 선분 CA′에 평행한 직선을 그으면 이 직선이 각 AOB를 삼등분하는 직선이 된다.

이에 대한 구체적인 증명은 삼등분방정식을 이용하여야 하므로 연습문제에서 다루도록 한다.

종이접기를 이용한 각의 삼등분

컴퍼스와 자로는 임의의 각을 3등분할 수 없다는 것은 명백하지만 종이접기로는 예각에 대한 3등분이 가능하다는 것은 매우 특이한 수학적 사실이다. 이제 일본의 아베*Abe*에 의해 발견된 종이접기 방법에 대해 구체적으로 생각해 보자.

정사각형 모양의 종이 COBD가 주어져 있을 때, 각 AOB의 삼등분선을 종이접기로 어떻게 접는지 순서대로 살펴보자.

첫째, 정사각형의 한 꼭짓점 O를 중심으로 임의의 ∠AOB를 만든다.

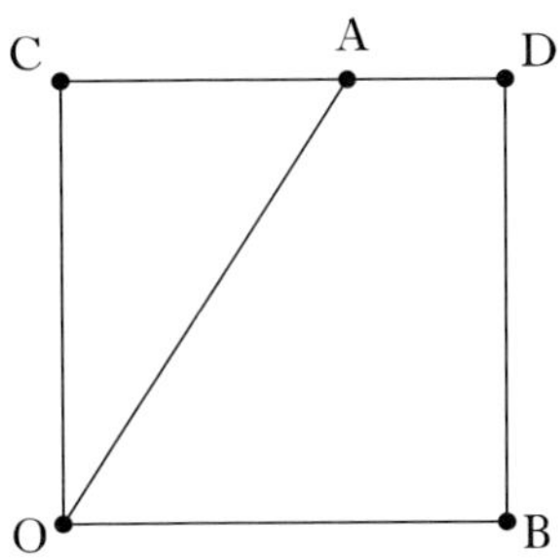

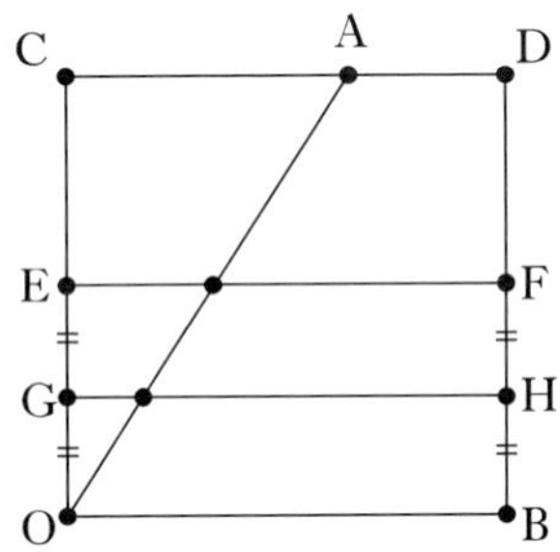

둘째, 선분 OB에 평행하도록 두 번 일정하게 접고 펴서, 그 흔적을 각각 선분 EF, 선분 GH라고 하자.

셋째, 꼭짓점 O가 선분 GH 위에, 점 E는 선분 AO 위에 오도록 정확하게 맞추어 접고, 생긴 점을 각각 N, M이라 하자.

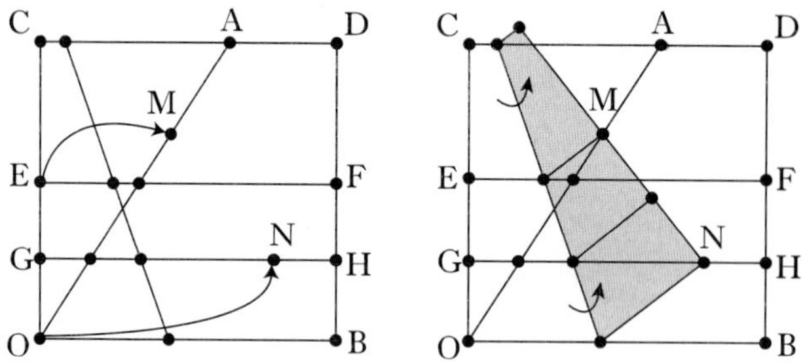

넷째, 접힌 선과 선분 GH의 교점을 Q라 할 때, 직선 OQ의 연장선이 선분 MN, 선분 BD와의 교점을 각각 Q′, R라 하자.

다섯째, 각 AOR은 각 AOB의 삼등분선이 된다.

증명 $\angle$AOB$=\theta$라고 할 때, θ가 예각인 경우에 한해 종이접기 방법으로 각을 삼등분할 수 있다. 위와 같이 종이를 접으면 선분 OG는 선분 NQ′과 포개어진다. 따라서, $\angle OGQ = \angle NQ'Q = 90°$, $OG = NQ'$, $GQ = QQ'$이므로, 삼각형 BGQ와 삼각형 NQ′Q는 합동이다. 또한 $EG = MQ'$, $OG = NQ'$이므로 $NQ' = MQ'$이고, OQ'은 공통변, $OQ' \perp MN$이므로 삼각형 OQ′N과 삼각형 OQ′M은 서로 합동이다. 그러므로, $\angle NOQ' = \angle MOQ'$이다.

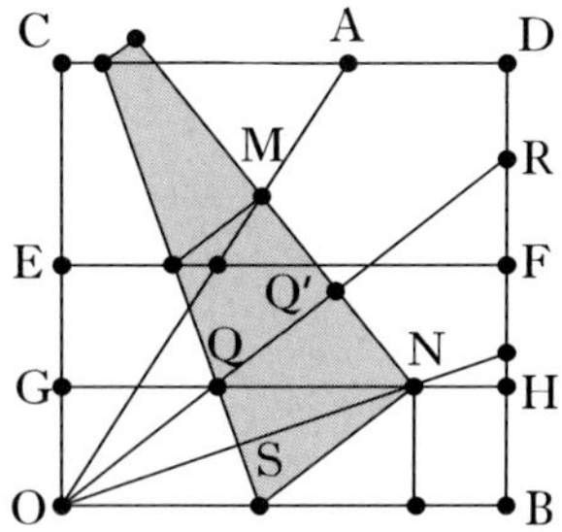

삼각형 OGQ와 삼각형 NQ′Q가 합동이므로 삼각형 GON과 삼각형 Q′ON도 합동이고, ∠QON = ∠GNO이다. 또한 GH//OB이므로 ∠GNO = ∠NOB이다. 즉, ∠AOB는 두 직선 OQ′과 ON에 의해서 삼등분된다. ■

근사적인 방법

근사적인 방법은 어디까지나 근사적 접근만 가능함을 분명하게 밝혀두고자 한다. 혹자는 이러한 방법이 진실인양 믿어 버리는 실수를 범하기도 하기 때문이다. 또한 근사적인 방법은 유한번 시행이라는 전제하에서 이루어져야 한다. 작도가 무한히 많이 수행할 수 있다는 가능성을 배제하지 않는다면 불가능한 작도는 없기 때문이다. 그렇다면 구체적으로 근사적으로 각을 삼등분하는 방법에 대해 고찰해 보자.

무한등비급수를 활용한 근사적 삼등분

우리는 고등학교에서 무한급수를 학습한다. 참고로 무한급수에 대한 수학적 정의를 살펴보자. 무한수열 $\{a_n\}$의 각 항을 첫째 항부터 차례로 합한 식 즉, $a_1 + a_2 + a_3 + \cdots + a_n + \cdots$ 를 무한급수라 하고 $\sum_{n=1}^{\infty} a_n$ 으로 나타낸다. 무한급수 중에서 특별한 무한등비급수는 다음과 같이 정의할 수 있다. 첫째 항이 $a\,(a \neq 0)$, 공비가 r인 무한등비수열에서 얻어진 무한급수 $\sum_{n=1}^{\infty} ar^{n-1}$를 첫째 항이 a이고 공비가 r인 무한등비급수라 한다. 무한등비급수 $\sum_{n=1}^{\infty} ar^{n-1}$는 공비 r의 절댓값이 1보다 작으면 $\frac{a}{1-r}$로 수렴하고, 그 외에는 발산한다.

이제 각의 삼등분 문제에 집중을 해 보자. 주어진 각의 크기의 $\frac{1}{3}$을 구해야 하므로, 무한등비급수의 합으로 $\frac{1}{3}$이 되는 경우를 생각할 수 있다. 그런데 우리가 각의 이등분은 가능하기 때문에 우리가 알고 있는 값은 $\frac{1}{2}$이라는 사실에 주목하자. 그러면 다음과 같은 무한등비급수를 생각할 수 있다. 첫째항이 $\frac{1}{2}$이고 공비가 $-\frac{1}{2}$인 등비수열의 일반항 $a_n = \frac{1}{2}(-\frac{1}{2})^{n-1}$이 있다면, 이 수열의 무한등비급수는 $\dfrac{\frac{1}{2}}{1-(-\frac{1}{2})} = \frac{1}{3}$이다. 즉 우리가 필요한 $\frac{1}{3}$의 값을 얻을 수 있다. 이제 이 상황을 각의 삼등분 상황에 적용해보자.

삼등분을 하기 위한 각 AOB가 주어져 있다. 여기서 첫째항이 $\frac{1}{2}$ 라는 것은 전체 각의 크기의 반에 해당하는 위치에 a_1이 있다는 것이다. 즉, 직선 OB를 기준으로 하여 양의 방향으로 $\frac{1}{2}\angle AOB$에 해당하는 각 만큼 회전하였음을 의미한다. 그다음 공비가 $-\frac{1}{2}$이므로 $a_2=-\frac{1}{4}$이다. 즉, a_1 위치에서 전체 각의 크기에 $\frac{1}{4}$에 해당하는 각 만큼 음의 방향으로 회전하였음을 의미한다. 이러한 과정을 n만큼 반복할 경우 직선 OB를 기준으로 회전한 각의 크기는 $a_n=\frac{1}{2}-\frac{1}{4}+\frac{1}{8}-\frac{1}{16}+\cdots+\frac{1}{2}(-\frac{1}{2})^{n-1}$ 이다. 이제 이러한 과정을 무한히 반복하면 $a_\infty=\frac{1}{3}$이 된다.

즉, 각 AOB의 삼등분이 된 것이다. 비록 무한히 많은 각의 이등분선 작도를 수행하였지만 각의 삼등분선은 작도 가능한 것이다.

부채꼴의 호를 활용한 근사적 삼등분

15세기 니콜라우스 반 쿠사*Nikolaus von Cusa*와 16세기의 윌레브로드 스넬리우스*Willebrod Snellius*는 다음과 같은 방법으로 임의의 각에 대한 근사적 삼등분을 실행하였다.

임의의 각 AOB가 주어져 있다. 점 O를 중심으로 하는 단위원을 그린다. 이 단위원과 직선 OA, 직선 OB와의 교점을 각각 A′, B′, C라 한다. 그다음 선분 CP의 길이가 1이 되도록 하는 점 P를 원 외부에 잡는다. 또한 점 B′에서 직선 OB에 수직인 직선이 직선 OA, PA′과 만나는 점을 각각 D′, D라 한다(〈그림 5-30〉 참고).

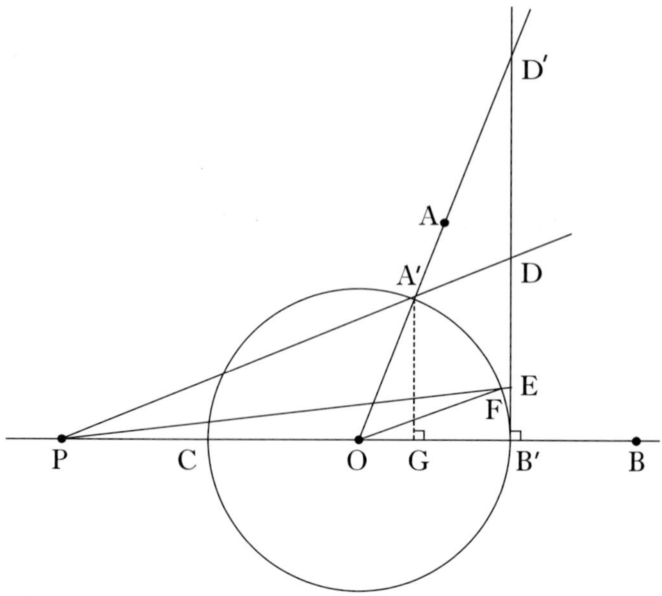

〈그림 5-30〉 부채꼴의 호를 이용한 방법

마지막으로 $\frac{1}{3}\mathrm{B'D} = \mathrm{B'E}$ 를 만족하는 점 E를 선분 B′D 위에 잡을 때, 선분 PE와 단위원과의 교점을 F라 하면, 선분 OF는 각 AOB의 근사적인 삼등분선이다.

확인 이제 선분 OF를 왜 근사적 삼등분선으로 간주하는 이유에 대해 확인해 보자. 이러한 확인을 위해 처음으로 노력한 사람이 니콜라우스 반 쿠사이다. 그는 단위원에서 각 AOB의 크기를 θ라고 할 때, 선분 A′G의 길이는 $\sin\theta$, 호 A′B′의 길이는 θ, 선분 B′D′의 길이는 $\tan\theta$임을 알고 있다. 이를 통해 다음 부등식이 성립한다.

$$\sin\theta \leq \theta \leq \tan\theta$$

니콜라우스 반 쿠사는 $\dfrac{(n+1)\sin\theta}{\cos\theta+n}$의 양에 관심을 가졌고, 윌레브로드 스넬리우스는 $n=2$일 때 이 값이 θ에 근접한다는 사실 즉, 근사적으로 $\overset{\frown}{A'B'}=\theta=\dfrac{3\sin\theta}{\cos\theta+2}$이 성립함을 알았다.

그런데 삼각형 PGA′과 PB′D는 서로 닮음임으로 닮음비에 의해서 $\dfrac{A'G}{PG}=\dfrac{DB'}{PB'}$이므로 $DB'=\dfrac{A'G \cdot PB'}{PG}$이다. 여기서 $A'G=\sin\theta$, $PG=\cos\theta+2$, $PB'=3$이므로 $DB'=\dfrac{3\sin\theta}{\cos\theta+2}$이다.

결국, 위의 그림에서 $\dfrac{1}{3}B'D=B'E$인 점 E를 잡음으로써 점 F가 호 A′B′을 근사적으로 삼등분한다는 것을 의미하고, 선분 OF가 각 AOB를 삼등분하게 되는 것이다. ■

특별한 호의 작도를 통한 근사적 삼등분

이번에는 특정한 호의 작도를 통해 근사적으로 각을 삼등분하는 방법에 대해 살펴보자. 이 방법은 20세기 초에 고안되어진 것으로 오차가 매우 작다는 점과 사용방법이 간단하다는 장점이 있어 매우 유용한 것으로 알려져 있다.

삼등분할 각 AOB가 주어져 있다. 점 O를 중심으로 단위원을 그리고 직선 OA, 직선 OB와의 교점을 각각 A′, B′, C라고 하자. 선분

OC의 중점을 G, 선분 PC의 길이가 1이 되는 점을 직선 OC 위에 잡는다. 이제 점 G에서 직선 OB의 수직선을 긋고 단위원과의 교점을 E라고 하자. $\frac{1}{3}\text{GE} = \text{GF}$ 를 만족하는 점 F를 선분 GC 위에 잡는다. 마지막으로 점 F를 중심으로 하고 선분 FB′을 반지름으로 하는 원의 일부(호)를 그려, 직선 CA′과의 교점을 D라고 할 때, 각 DPB의 크기는 각 AOB의 크기의 $\frac{1}{3}$이다(〈그림 5-31〉 참고).

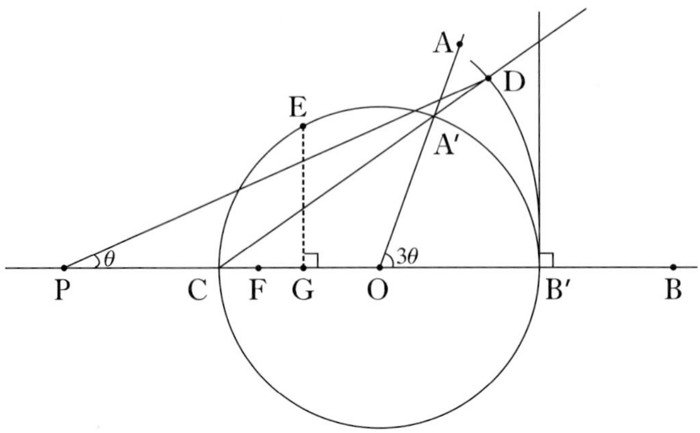

〈그림 5-31〉 특별한 호를 활용한 방법

호와 반지름의 중점을 활용한 근사적 삼등분

최근에 발견된 매우 간단하면서도 거의 오차가 생기지 않는 방법을 소개하고자 한다. 삼등분하고자 하는 각 AOB가 주어져 있다. 점 O를 중심으로 단위원을 그려서 직선 OA, OB와의 교점을 각각 A′,

B′이라고 하자. 선분 DO의 길이가 반지름의 $\frac{1}{2}$이 되도록 점 D를 잡고, 호 A′B′의 중점 C를 잡는다. 그다음 선분 CD를 연결하면, 생기는 각 CDB가 각 AOB의 $\frac{1}{3}$에 근접한다(〈그림 5-32〉 참고).

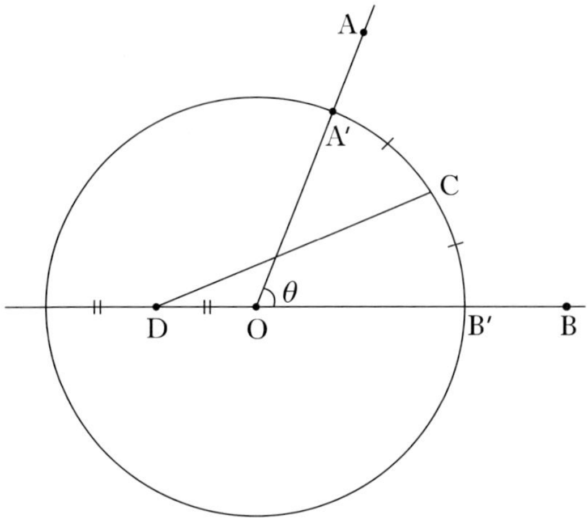

〈그림 5-32〉 호와 반지름의 중점

실제로 각 AOB의 크기를 θ, 점 O를 좌표평면의 원점이라고 하면 점 C의 좌표는 $(\cos\frac{\theta}{2}, \sin\frac{\theta}{2})$가 되고, 점 C에서 내린 수선의 발의 좌표는 $(\sin\frac{\theta}{2}, 0)$이 된다. 따라서 $\tan(\angle \mathrm{CDB})$는

$$\tan(\angle \mathrm{CDB}) = \frac{\sin\frac{\theta}{2}}{\frac{1}{2}+\cos\frac{\theta}{2}} = \frac{2\sin\frac{\theta}{2}}{1+2\cos\frac{\theta}{2}}$$ 이다.

위의 식을 이용하여 각 CDB의 크기를 구하면,

$$\tan^{-1}\frac{2\sin\frac{\theta}{2}}{1+2\cos\frac{\theta}{2}} \fallingdotseq \frac{1}{3}\angle \mathrm{AOB}$$

가 된다. 실제로 이 식을 이용하여 오차를 구하면 매우 작다는 것을 확인할 수 있다.

각의 삼등분에 대한 대수적 해석

작도와 도구에 대한 재확인

먼저 작도의 개념부터 다시 명확하게 할 필요가 있다. 고대 그리스 시대에서 작도라고 함은 단지 두 가지 도구만을 사용하는 것을 의미한다. 우리는 이 도구를 유클리드적 도구라고 부른다. 이 도구는 컴퍼스와 눈금 없는 자를 지칭한다. 작도에서 간과할 수 없는 한 가지가 더 있다. 그것은 유클리드적 도구의 유한 번 사용만을 허용한다는 점이다.

작도에서 두 도구의 용도를 정리하면 다음과 같다.

첫째, 자의 용도는 두 점을 잇는 선분을 긋거나, 주어진 선분을 연장할 때 사용할 수 있다.

둘째, 컴퍼스의 용도는 한 점을 중심으로 하고 주어진 선분을 반지름으로 하는 원을 그리거나, 주어진 선분을 다른 직선 위에 옮길 때 사용한다.

각의 삼등분 문제의 대수적 변환 : 삼등분방정식

지금까지 다양한 방법으로 각의 삼등분에 대해 고찰하였다. 하지만 모든 방법이 고대 그리스 시대에서 취했던 작도는 아니었다. 앞에서 소개하였던 대부분의 방법들은 작도를 하기 위한 과정에서 부수적으로 등장한 산물들이라고 볼 수 있다. 그렇다면 왜 각의 삼등분 작도에 실패하고, 유클리드적 작도가 아닌 다른 방법으로 각을 삼등분한 것인가? 그것은 바로 각의 삼등분 작도가 불가능하였기 때문이다. 이번 부분과 다음 부분을 통해 이에 대해 집중적으로 논의하고자 한다. 먼저 이번 부분에서는 두 가지 방법으로 각의 삼등분 문제를 대수적인 문제로 변환시킬 것이다.

첫째, 삼각형의 닮음을 이용한 방법이다. 각 AOB가 삼등분하고자 하는 각이다. 이 각의 크기를 3θ 라고 두고 구하는 삼등분선 직선 OT가 구해졌다고 가정 하자. 그러면, $\angle \mathrm{TOB} = \theta$ 이어야 한다(〈그림 5-33〉 참고).

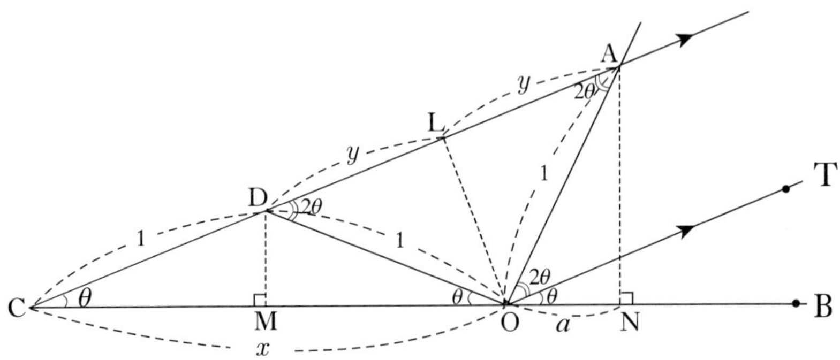

〈그림 5-33〉 삼등분방정식

그 다음 $OA = 1$이라고 할 때, 점 A를 지나고 직선 OT에 평행인 직선을 긋고 직선 OB와의 교점 C를 잡을 수 있다. 선분 OD의 길이가 1이 되도록 점 D를 선분 AC위에 잡으면 삼각형 OAD는 두 밑각의 크기가 2θ인 이등변삼각형을 만들 수 있다. 그런데, ∠ACB의 크기는 직선 OT와 평행이므로 θ가 되어야 하고, 삼각형 DCO에서 한 외각 ∠ODA가 2θ이므로 ∠DOC도 θ가 되어야 하므로 선분 CD의 길이도 1이 된다.

여기서, 우리의 관점을 바꾸어 보자. 주어진 각 AOB를 삼등분하는 직선 OT를 얻기 위해서는 이 직선에 평행한 직선 CA를 얻어야 한다. 그런데 직선 CA를 얻기 위해서는 점 C를 결정하여야 하고, 점 C를 결정하기 위해서는 점 O로부터 점 C까지 떨어진 거리를 구해야 하는 문제로 귀결시킬 수 있다. 이 관점을 활용하면 다음과 같은 방정식을 유도해낼 수 있다.

먼저 각의 삼등분선 OT를 얻기 위해 구해야 하는 선분 OC의 길이를 x라 둔다. 편의상 $AD = 2y$라고 두고, 선분 OA의 직선 OB 위의 정사영 선분 ON의 길이를 a라 하자. 그러면, 삼각형 CMD, 삼각형 CNA, 삼각형 CLO는 서로 닮음이다. 따라서 닮음비에 의해서 다음 식을 얻을 수 있다.

$$\frac{x}{2} = \frac{x+a}{1+2y} = \frac{1+y}{x}$$

이 식을 정리하면, $x^2 = 2 + 2y$, $x(x+a) = (1+y)(1+2y)$이고, 앞의 식에서 $1+y = \frac{x^2}{2}$, $1+2y = x^2 - 1$이므로 이 값을 두 번째 식

에 대입하여 정리하면, $x^3-3x-2a=0$ 를 얻는다. 즉, 삼차방정식 $x^3-3x-2a=0$의 근을 작도할 수 있으면 주어진 각 AOB를 삼등분을 할 수 있으므로 이 방정식을 삼등분방정식이라고 부른다.

둘째, 삼각함수의 삼배각의 공식을 활용하는 방법이다. 삼배각의 공식은 다른 방식으로 삼등분방정식을 제시할 수 있다. 코사인의 합 공식에서, 다음 공식을 얻을 수 있다.

$$\cos 3\theta = \cos(2\theta+\theta) = \cos 2\theta\cos\theta - \sin 2\theta\sin\theta$$

여기서 $\sin 2\theta$와 $\cos 2\theta$를 적절하게 변형을 하면 삼배각의 공식을 얻게 된다.

$$\cos 3\theta = (2\cos^2\theta-1)\cos\theta - 2\sin\theta\cos\theta\sin\theta$$

$$\cos 3\theta = (2\cos^2\theta-1)\cos\theta - 2\sin^2\theta\cos\theta$$

$$\cos 3\theta = (2\cos^2\theta-1)\cos\theta - 2(1-\cos^2\theta)\cos\theta$$

$$\cos 3\theta = (2\cos^2\theta-1)\cos\theta - (2\cos\theta-\cos^3\theta)$$

$$\cos 3\theta = 4\cos^3\theta - 3\cos\theta$$

이제 얻어진 삼배각의 공식 $\cos 3\theta = 4\cos^3\theta - 3\cos\theta$을 앞의 그림과 연결하여 살펴보자. $\cos\theta = \frac{x}{2}$이고, $\cos 3\theta = a$임을 알 수 있다. 이것을 공식에 대입하면 $a = \frac{x^3}{2} - \frac{3x}{2}$을 얻을 수 있고, 이를 정리하면 삼등분방정식 $x^3-3x-2a=0$ 을 얻는다.

일반각의 삼등분 작도가 불가능한 추상대수적인 입장에 대한 이해15)

추상대수학(현대대수학)에서 우리는 군, 환, 체 등에 대해서 학습을 한다. 이번 내용은 체론에서 방정식의 가해성을 논하는 과정에서 등장하는 작도가능성에 대한 명제들을 요약하여 제시한 것이다. 구체적인 내용은 현대대수학 혹은 추상대수학 대학교재를 참고하기를 바란다.

[정리 1] F를 체라고 할 때, 다음이 성립한다.

(1) F의 표수가 소수 p 이면, F는 Z_p와 동형인 체를 부분체로 가진다.

(2) F의 표수가 0 이면, F는 Q와 동형인 부분체를 포함한다.

[정의 1] 체 F가 체 K의 부분체일 때(즉, $F \subset K$), K를 F의 확대체 *extension*라 하고, F를 K의 기초체라고 한다.

(예제 1) 실수체 R는 Q의 확대체이고, 복소수체 C는 실수체 R의 확대체이다. 또, $Q(\sqrt{2})$는 Q의 확대체이다.

15) 여기에서는 추상대수학 시간에 학습하게 되는 내용을 중심으로 전개하고자 한다. 혹시 중, 고등학교 학생인 경우에는 이 부분을 생략하고 넘어가도 문제는 없을 것 같다.

[정의 2] 체 K를 체 F의 확대체라고 할 때, F 위의 K의 차원 $\dim_F K$ 를 F위의 차수*degree*라 하고, 이것을 $[K:F]$로 나타낸다. 특히, 차수가 유한일 때, K를 F위의 유한확대체*finite extension field*라고 한다.

(예제 2) $\{1, \sqrt{2}\}$는 Q위의 확대체 $Q(\sqrt{2})$ 의 기저이므로 $[Q(\sqrt{2}): Q]=2$ 이다. 또, $\{1,i\}$는 R위의 확대체 C의 기저이므로 $[C: R]=2$ 이다.

[정의 3] α를 체 F 의 확대체 K의 원소라고 하자. 적당한 다항식 $f(x) \in F[x]$, $\deg f(x) \geqq 1$가 존재하여 α가 이 $f(x)$ 위의 근일 때, α는 F위에서 대수적이라고 한다. 대수적이 아닐 때, 초월적이라고 한다.

(예제 3) 복소수체 C는 유리수체 Q의 확대체이다. 두 복소수 $\sqrt{2}$, $i \in C$는 다음 각각의 다항식 $x^2-2 \in Q[x], x^2+1 \in Q[x]$의 근이므로 Q위에서 대수적이다.

[정의 4] 체 $F \subset K$에서 적당한 $\alpha \in K$에 대하여 $K=F(\alpha)$일 때, K를 F의 단순확대체*simple extension*라고 한다. 또, 이 때, K를 F에 α를 첨가해서 얻는 확대체이다.

[정의 5] 체 F의 확대체 K의 원소 α가 F위에서 대수적일 때, α를 근으로 가지는 최고차 항의 계수가 1인 F 위의 기약다항식을 F위의 α의 기약다항식 또는 F 위의 α의 최소다항식이라 하고, 이 다항식을 $irr(\alpha,\mathrm{F})$로 나타낸다. 또, $irr(\alpha,\mathrm{F})$의 차수를 F 위의 α의 차수라 하고, 이를 $[\alpha:\mathrm{F}]$로 나타낸다. 즉, 다음이 성립한다.

$$[\alpha:\ \mathrm{F}] = \ [\mathrm{F}(\alpha):\ \mathrm{F}] = \deg\{irr(\alpha, F)\}$$

(예제 4) $\sqrt[3]{2}$는 $x^3-2\in \mathrm{Q}[x]$ 의 근이고, 이 다항식은 Q 위에서의 기약이다. 따라서, $irr(\sqrt[3]{2},\mathrm{Q}) = x^3-2$, $[\sqrt[3]{2}:$ $[\sqrt[3]{2}:\ \mathrm{Q}] = [\mathrm{Q}(\sqrt[3]{2}):\ \mathrm{Q}] = 3$이다. 또 $\{1,\ \sqrt[3]{2},$ $\sqrt[3]{4}\}$는 Q 위의 벡터공간 $\mathrm{Q}(\sqrt[3]{2})$의 기저이다.

[정의 6] 체 F의 확대체인 체 K의 모든 원소가 F 위에서 대수적일 때, K를 F의 대수적 확대체라고 한다.

(예제 5) $\sqrt{2}$와 $\sqrt{3}$은 Q 위에서 대수적이므로, $\mathrm{Q}(\sqrt{2},\sqrt{3})$ 은 Q의 대수적 확대체이다.

[정리 2] 실수 u가 작도가능하기 위한 필요충분조건은 다음 조건을 만족시키는 양의 실수 $\alpha_1,\alpha_2,\ldots,\alpha_n$ 이 존재하는 것이다. 즉,

$$\alpha_1 \in Q \ , \ \alpha_2 \in Q(\sqrt{\alpha_1}) \ , \ \alpha_3 \in Q(\sqrt{\alpha_1}, \sqrt{\alpha_2}) \ , \ \cdots ,$$
$$\alpha_i \in Q(\sqrt{\alpha_1}, \ldots, \sqrt{\alpha_{i-1}}) \ , \ \cdots$$
$$\alpha_n \in Q(\sqrt{\alpha_1}, \ldots, \sqrt{\alpha_{n-1}}) \ , \ u \in Q(\sqrt{\alpha_1}, \ldots, \sqrt{\alpha_n})$$

[정리 3] 실수 u가 작도가능하면, u는 유리수체 Q위에서 대수적이고 Q 위의 u의 차수는 2의 거듭제곱이다. 즉, $[u:\ Q]=2^m,\ m \geqq 0$. 특히, $[u\ :\ Q]$ 가 2의 거듭제곱이 아니면 u는 작도불가능하다.

위의 사실로부터 각의 삼등분에 대한 대수적인 결론은 아래와 같다.

삼등분방정식 $x^3-3x-2a=0$에서 만족하는 x의 값을 u라고 할 때, 이 u를 포함한 확대체의 Q상에서의 차수 $[u:Q]=3$이므로 작도가 불가능하다. 즉, 임의의 각에 대한 삼등분에 대한 작도(유클리드적 도구를 사용한 작도)**는 불가능함을 알 수 있다.**

삼등분방정식을 활용한 각의 삼등분 문제의 해결

포물선을 이용한 방법

현대 해석기하학의 창시자라고 볼 수 있는 데카르트*Descartes*는 그의 논문 〈La Geometrie〉에서 삼등분방정식인 $x^3-3x-2a=0$ 의 근과 관련된 개념을 다루고 있는데 여기에서 포물선을 이용하여 각의 삼등분 방법을 제시하고 있다. 즉, 삼등분방정식 $x^3 - 3x - 2a = 0$ 의 해 x를 구하기 위하여 원과 포물선이 만나는 교점을 활용하였다. 구체적으로 그 방법에 대해 살펴보자(〈그림 5-34〉 참고).

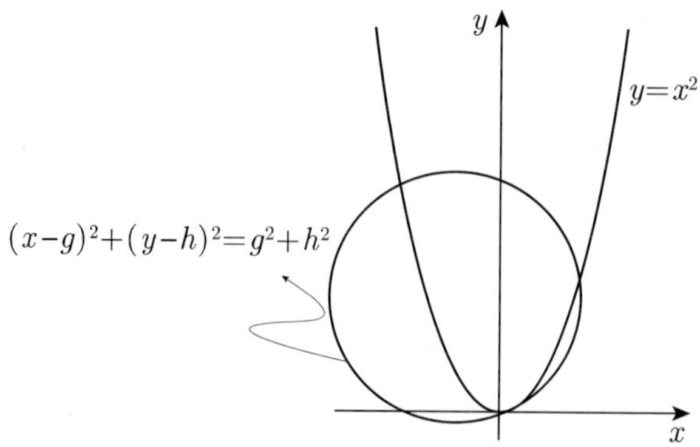

〈그림 5-34〉 포물선과 원 1

포물선 $y = x^2$과 원 $x^2 + y^2 - 2gx - 2hy = 0$이 주어져 있다. 포물선과 원의 교점의 좌표를 구하기 위해 y를 소거하면, $x^2 + x^4 - 2gx - 2hx^2 = 0$이 된다.

이를 정리하면, $x\{x^3 + (1-2h)x - 2g\} = 0$이다. 따라서 교점의 x값은 $x = 0$ 또는 $x^3 + (1-2h)x - 2g = 0$이다. 여기서 $x = 0$인 경우는 의미가 없으므로, $x^3 + (1-2h)x - 2g = 0$인 경우에 관심을 가져보자. 삼등분방정식이라고 널리 알려져 있는 $x^3 - 3x - 2a = 0$을 얻기 위해서는 $h = 2$, $g = a$의 값을 대입하면 된다. 즉, 포물선 $y = x^2$과 중심이 $(a, 2)$인 원 $(x-a)^2 + (y-2)^2 = a^2 + 4$ 의 교점으로 볼

수 있다.

이제 구체적으로 이 포물선과 원을 이용하여 각의 삼등분하는 방법에 대해 살펴보자(〈그림 5-35〉 참고).

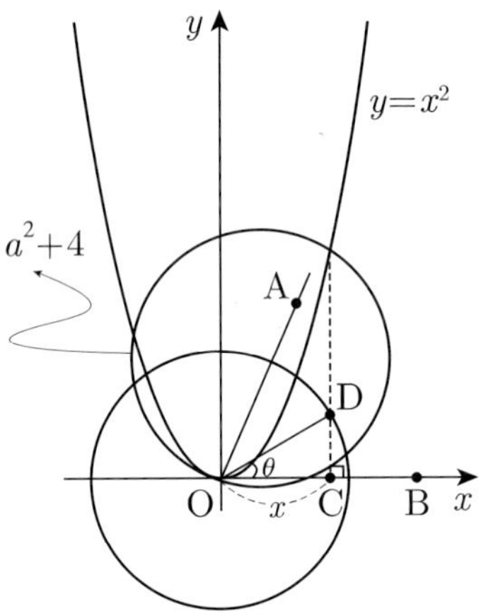

〈그림 5-35〉 포물선과 원 2

삼등분하고자 하는 각 AOB를 3θ라고 하고, $\cos 3\theta = a$를 만족하고 중심이 $(a, 2)$인 원 $(x-a)^2+(y-2)^2=a^2+4$을 그린다. 이 원이 포물선 $y=x^2$과의 교점을 잡고 이 교점에서 x축에 내린 수선의 발을 C라고 하자. 또한 중심이 $(0,0)$이고 반지름이 2인 원을 그려서 수선과의 교점을 D라고 한다. 그러면, 직선 OD는 각 AOB의 삼등분선이 된다.

증명 포물선 $y=x^2$과 원 $(x-a)^2+(y-2)^2=a^2+4$과의 교점의 x좌표는 삼차방정식 $x^3-3x-2a=0$ 의 근과 같다. 즉, 그림에서 선분 OC의 길이와 같다. 그런데, 선분 OD의 길이가 2이므로 $\cos(\angle \mathrm{COD}) = \dfrac{x}{2}$가 된다. 이를 삼등분방정식 $x^3 - 3x - 2a = 0$에 적용하면 $\cos 3\theta = a$이기 때문에 $\angle \mathrm{COD} = \theta$가 된다(〈그림 5-33〉 참고). 따라서 직선 OD는 $\angle \mathrm{AOB}$의 삼등분선이다. ■

삼차방정식의 그래프*Cubic Parabola*를 이용한 방법

삼차방정식 $y = \dfrac{x^3}{2}$과 일차방정식 $y = \dfrac{3}{2}x + a$가 있다. 이 두 방정식의 그래프를 그리고 그 교점의 x좌표를 생각해 보자. 그러면, $\dfrac{x^3}{2} = \dfrac{3}{2}x + a$를 만족하고 이를 정리하면 삼등분방정식 $x^3 - 3x - 2a = 0$을 얻을 수 있다. 구체적으로 삼등분하는 방법을 살펴보면 다음과 같다.

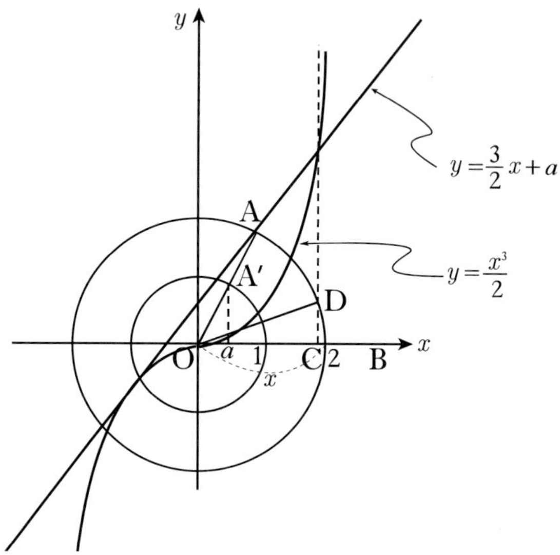

〈그림 5-36〉 삼차방정식과 직선

원점을 중심으로 하고 반지름의 길이가 각각 1, 2인 두 원을 그린다. 삼차방정식 $y=\frac{x^3}{2}$을 그리고, 삼등분하고자 하는 각의 한 변이 직선 OB에 오도록 각을 놓는다. 이 각이 두 원과 만나는 점을 각각 A, A′이라고 할 때, 각 AOB의 삼등분선을 찾아보자.

점 A′에서 x축에 수선을 긋고, 이 수선의 발에서 원점까지의 거리를 a라 한다. 방정식 $y=\frac{3}{2}x+a$의 그래프를 그린 다음, $y=\frac{3}{2}x+a$과 $y=\frac{x^3}{2}$ 교점을 잡고, 이 교점에서 x축에 내린 수선의 발이 반지름이 2인 원과의 교점을 D라고 하면 직선 OD는 $\angle\mathrm{AOB}(3\theta)$의 삼등분선이다(〈그림 5-36〉 참고).

증명 삼차방정식과 일차방정식의 교점의 x값을 구하는 방정식이 $\frac{x^3}{2}=\frac{3}{2}x+a$이므로 이를 정리하면 $x^3-3x-2a=0$이 된다. 정의에 의해서 $a=\cos 3\theta$이므로, 삼등분방정식의 성질에 의해서 $\cos(\angle\mathrm{COD})=\frac{x}{2}$이므로 증명이 마무리된다. 실제로, 선분 OD의 길이는 2이고, 선분 OC의 길이는 x이므로 주어진 식을 만족한다. ■

연습문제

※ 각의 삼등분에 대한 학습을 통해 알게 된 수학적인 지식을 활용하여 아래 문제를 해결하여 봅시다.

1. 주어진 선분 AB를 3 : 2로 분할하는 작도방법을 설명하시오.

2. 아래의 콘코이드를 극방정식16)으로 나타내 보시오.(단, 점 O를 극으로 하고, 극축은 OA로 한다. 즉 $\angle AOC = \theta$로 함.).

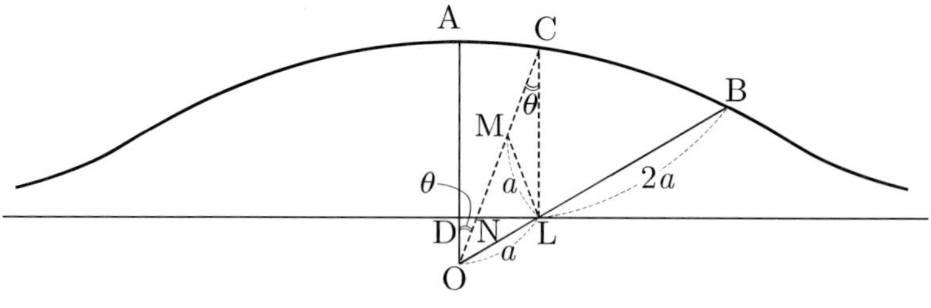

16) 극좌표란 좌표평면 위의 점 P(x, y)의 좌표를 OP의 길이 r과 선분 OP가 x축과 이루는 각 θ를 이용하여 P(r, θ)로 나타내는 것인데, 이를 이용하여 방정식을 표현하는 것이 극방정식이다.

풀이 콘코이드의 극방정식을 구하기 위해서는 점 C의 극좌표를 일반화시키면 된다. 점 $C(r, \theta)$에서 $\angle AOC = \theta$이고, $r = OC$ 이다. 따라서 $OD = b$라고 하면, 직각삼각형 ODN에 의해서, $\cos\theta = \dfrac{b}{ON}$이므로, $r = \dfrac{b}{\cos\theta} + 2a$가 된다.

3. 아래 주어진 파푸스의 쌍곡선을 이용한 각의 삼등분 절차를 사용하여 직접 임의의 각을 삼등분 해보시오.

1단계 : 점 O를 중심으로 하는 원을 그린다.

2단계 : 임의의 ∠AOB를 결정한다. 단, A, B는 원 위의 점으로 잡는다.

3단계 : 호 AB의 중점 C를 잡고, 선분 OC를 긋는다.

4단계 : 점 B를 초점으로 하고 직선 OC를 준선으로 하는 쌍곡선을 아래 방법을 참고로 하여 그린다.

5단계 : 쌍곡선과 원의 교점으로 각의 삼등분하는 직선을 찾는다.

〈쌍곡선 그리는 방법〉

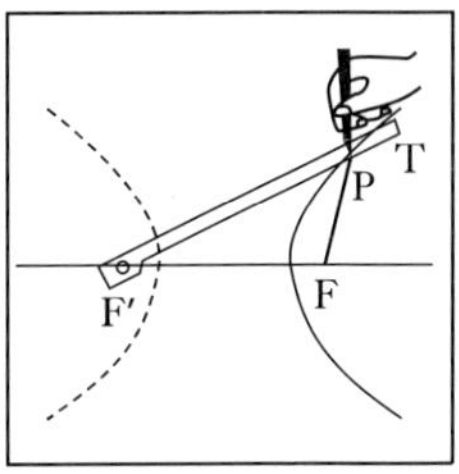

오른쪽 그림과 같이 종이 위에 두 점 F, F′ 을 표시하고, F′ 에 자의 한끝을 고정한다. (자의 길이)−(실의 길이) < $\overline{FF'}$ 인 실을 준비하여 실의 한 끝을 자의 나머지 한 끝 T에 고정하고 실의 다른 한 끝은 점 F에 고정한다. 연필 끝을 자에 붙도록 하고 실을 팽팽하게 당기면서 움직일 때, 연필이 그리는 도형을 살펴보아라.

4. 아래 그림은 파스칼이 개발한 리마콘이다. 다음 물음에 답하시오.

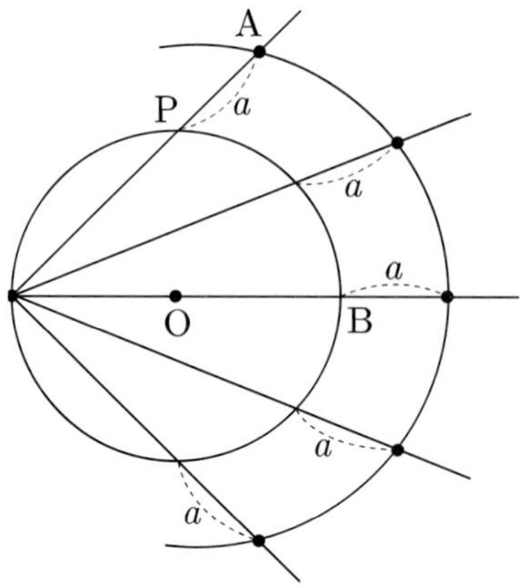

(1) 점 S를 극으로 하고 직선 SB를 극축으로 할 때, 리마콘의 극방정식을 구하시오.

(2) 리마콘에 대한 극방정식을 이용하여 리마콘에 대한 직교방정식을 구하시오.

풀이 (1) $\overline{SP} = 2\cos\theta$이므로 $r = 2\cos\theta + b$이다.

(2) $r = \sqrt{x^2+y^2}$이고, $\cos\theta = \dfrac{x}{\sqrt{x^2+y^2}}$이므로 이를 $r = 2\cos\theta + b$에 대입하면, 직교방정식 $(x^2+y^2-2x)^2 = b^2(x^2+y^2)$을 얻는다.

5. 체바의 사이클로이드에 대한 다음 물음에 답하시오.

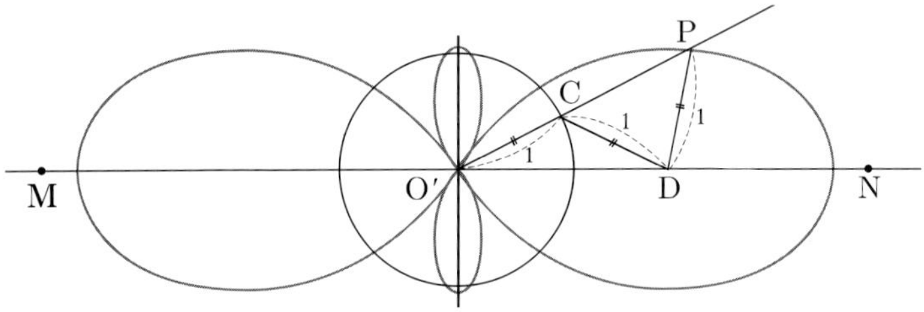

〈그림 5-37〉 체바의 사이클로이드 1

(1) 점 O′을 극으로 하고 직선 O′N를 극축으로 할 때, 사이클로이드의 극방정식을 구하시오.

(2) 체바의 사이클로이드에 대한 극방정식을 이용하여 이에 대한 직교방정식을 구하시오.

6. 눈금이 표시된 자를 활용하여 각을 삼등분하는 방법에서 아래 그림이 제시되었다.

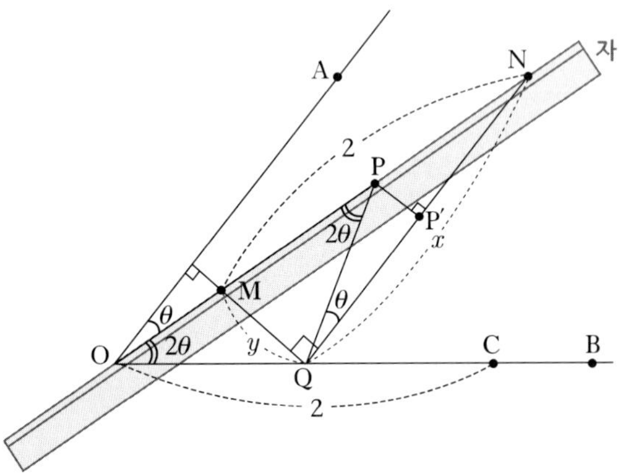

직선 QN을 x축으로 하고 직선 QM을 y축으로 할 때, 선분 QN의 길이(x)에 관한 사차식을 구하시오.

(힌트. 선분 MN 위의 임의의 한 점을 P(a, b), QM의 길이를 y로 두고 방정식을 세울 것)

풀이 $x^2 + y^2 = 4$이고, 점 P에서 x축에 내린 수선의 발을 P′이라고 하자. 그러면 삼각형 MNQ와 삼각형 PNP′이 닮음인 삼각형이 되므로 다음 관계가 성립한다.

$$x : x - a = y : b$$

즉, $y = \dfrac{bx}{x-a}$가 성립한다. 이 값을 $x^2 + y^2 = 4$식에 대입하면 x에 대한 사차방정식을 얻을 수 있다.

7. 세 개의 막대기를 활용한 각의 삼등분 도구에 대해 생각해 보자. 아래 그림과 같은 도구를 통해 주어진 각 AOB를 삼등분하려고 하면 약간의 문제가 발생할 수 있다. 이 도구를 통해 삼등분 가능한 각의 크기의 범위를 구하시오. 그리고 그 이유를 설명하시오.

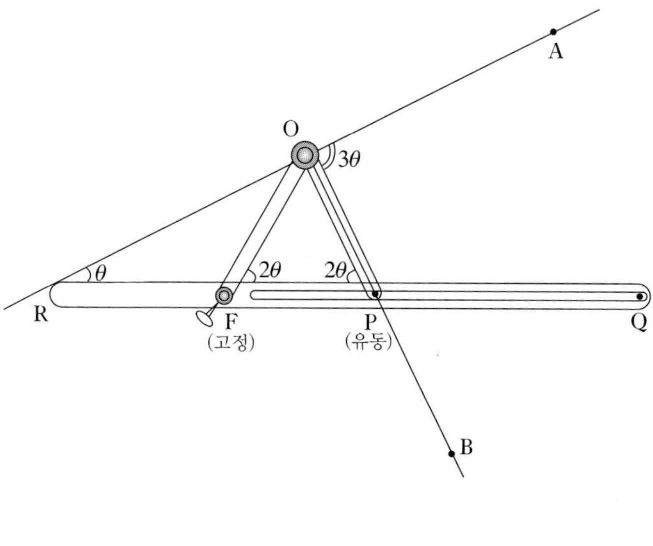

풀이 각 AOB의 크기는 135° 이하의 각이어야 한다. 왜냐하면 삼각형 FOR과 삼각형 OFP가 이등변삼각형을 만들 수 있는 각의 크기의 범위에서만 삼등분이 가능하기 때문이다.

8. 다음 그림과 같은 토마호크를 통해 주어진 임의의 각을 삼등분하려고 한다. 주어진 각을 삼등분할 수 있는 각의 크기의 범위를 구하시오.

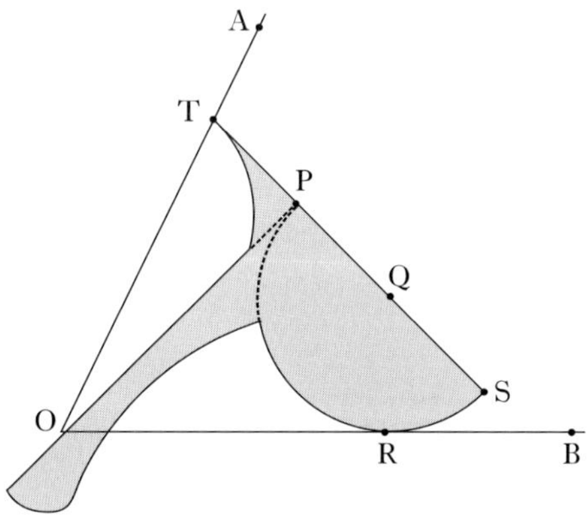

풀이 각 AOB에서 점 O의 위치에 의해 결정되어질 수 있다. 즉, 점 O가 직선 ST로부터 무한이 멀리 떨어져 있을 경우와 무한이 가까울 경우로 나누어 생각하면 문제가 해결되어진다. 즉, 점 O가 무한이 멀 경우에서 각 AOB의 크기가 무한히 작아짐을 알 수 있다. 즉 각 AOB의 크기는 0°보다는 더 커야 한다. 다음으로 점 O가 직선 ST에 무한이 가까워질 경우 가능한 각 AOB의 크기는 270°이다. 따라서 각의 삼등분 가능한 θ의 범위는 $0° < \theta < 270°$이다.

9. 켐페의 삼중꼴에서 단계적으로 만들어진 세 등변사다리꼴은 서로 닮음이 된다. 다음 물음에 답하시오.

(1) 아래 그림에서 서로 다른 길이를 가지는 막대 네 종류가 존재하는데 이들 네 막대의 길이의 비는 어떻게 되어야 하는지 구해 보시오.

(2) 구체적으로 켐페의 삼중꼴을 만들기 위해 필요한 네 막대의 길이로 가장 간단하다고 생각되는 것을 제시해 보시오.

(3) 앞에서 구한 길이를 사용하여 종이(하드보드 등)와 고정도구(압정 등)로 켐페의 삼중꼴을 만들어 보고, 실제로 삼등분 가능한 각의 범위를 구하시오.

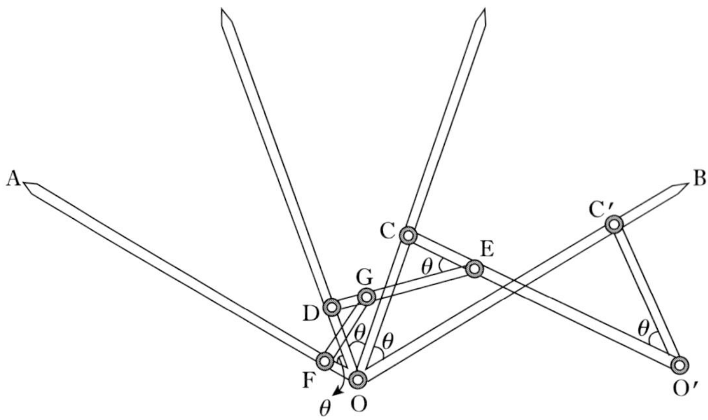

풀이 (1) 서로 다른 길이의 네 막대는 막대 OF, 막대 OD, 막대 OC, 막대 OC′이다. 이 막대들의 길이를 각각 a, b, c, d라고 하면 다음과 같은 관계가 유지되어야 한다. 각 등변사다리꼴이 닮음

이기 때문에 $a:b=b:c$, $b:c=c:d$이다. 즉, $b^2=ac$, $c^2=bd$이다.

(2) 앞에서 얻은 규칙에 의해서 네 변의 길이는 서로 등비수열을 이루어야 함을 확인할 수 있다. 즉, a, ar, ar^2, ar^3이다. 따라서 $a=1$이고 $r=2$이면 네 변의 길이는 1, 2, 4, 8이 된다.

(3) 직접 종이와 고정 도구를 이용하여 만들어 보자. 만든 것을 이용하여 실제로 각의 삼등분이 가능한지 확인해 본다.

10. 삼각자를 이용하여 각을 삼등분하는 아래 그림을 보고 물음에 답하시오.

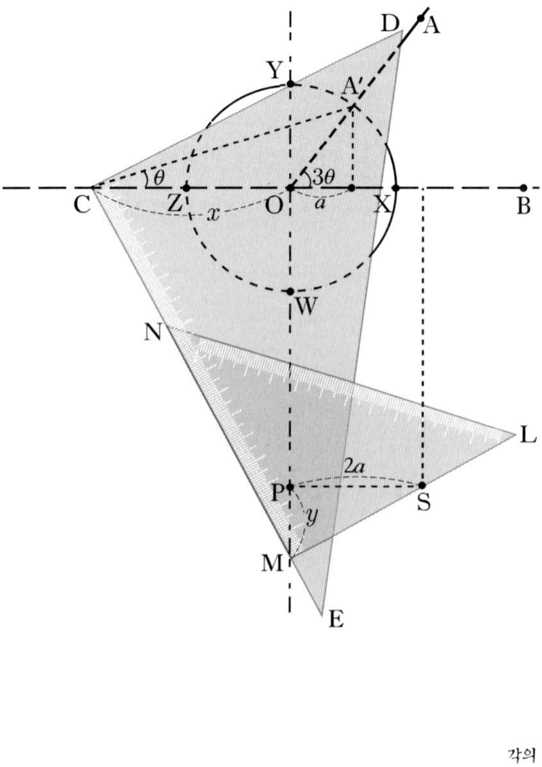

(1) 직각삼각형 COY와 닮음인 삼각형을 모두 찾으시오.

(2) 위에서 찾은 직각삼각형을 이용하여, 선분 OC의 길이를 x라고 할 때 x에 대한 삼차방정식(실제로는 삼등분방정식)을 유도하시오.

풀이 (1) 삼각형 COY, 삼각형 MOC, 삼각형 SPM이 서로 닮음이다.

(2) 세 직각삼각형 COY, MOC, SPM이 서로 닮음이므로 닮음비를 이용하여 식을 수립해 보자. 선분 CO의 길이를 x, 선분 PM의 길이를 y라고 두면 닮음비에 의해서 $\frac{1}{x}=\frac{x}{3+y}=\frac{y}{2a}$이다.(단, a는 선분 OA′의 직선 OB 위로의 정사영의 길이) 그런데, 맨 앞과 마지막 식에 의해서 $y=\frac{2a}{x}$이므로, 처음식과 두 번째 식에 대입하여 정리하면, $x^3-3x-2a=0$이라는 삼등분방정식을 유도할 수 있다. 따라서 각의 삼등분이 가능하다.

11. 원뿔을 이용하여 임의의 각을 삼등분하는 방법을 응용하여 임의의 각을 오등분하는 방법을 제시하여 보시오.

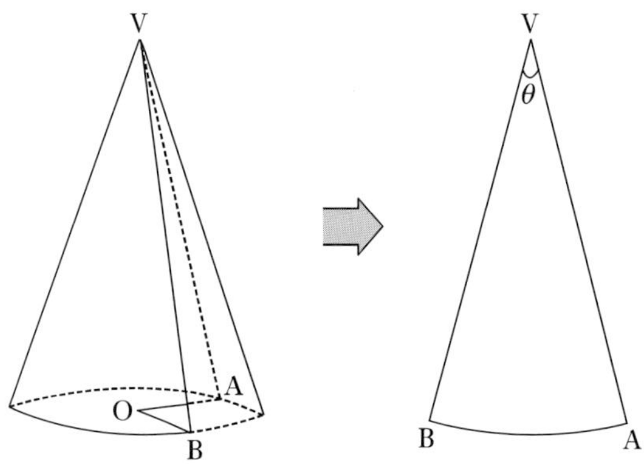

풀이 이 원뿔의 모선의 길이는 원뿔의 밑면의 반지름의 길이의 5배가 되도록 구성하여야 한다. 즉, 밑면의 반지름 OA의 길이를 r라고 할 때, 모선 VA의 길이는 $5r$이 된다. 이제 원뿔의 밑면에 오등분하고자 하는 각 AOB(편의상 각의 크기는 5θ)를 설정한다. 점 A, B는 밑면인 원의 둘레에 있는 점이고, 점 O는 밑면의 중심이다. 그러면 $\overset{\frown}{\mathrm{AB}}$의 길이는 $5r\theta$가 된다. 또한 원뿔의 전개도를 만들어 부채꼴 VAB를 잘라 내었다고 생각해 보자. 그러면 선분 AV는 $5r$이고, 잘라낸 전개도에서 $\overset{\frown}{\mathrm{AB}}$의 길이는 $5r(\angle \mathrm{AVB})$가 된다.

따라서 원뿔에서 $\overset{\frown}{\mathrm{AB}}$의 길이와 전개도에서 $\overset{\frown}{\mathrm{AB}}$의 길이는 서로 같아야 하므로, $5r\theta = 5r(\angle \mathrm{AVB})$가 성립한다. 즉, $\angle \mathrm{AVB} = \theta$가 된다. 그러므로 $\angle \mathrm{AVB} = \frac{1}{5}\angle \mathrm{AOB}$가 성립한다.

12. 무한등비급수를 활용한 방법에서 $90°$의 각을 삼등분하려고 한다. $90°$의 각의 삼등분은 가능하지만 무한등비급수의 방법으로 삼등분을 시도하는 경우를 생각하자. n번 시행 후 오차의 한계가 0.1보다 작아졌다고 할 때, 최소 n의 값을 구하시오.

풀이 무한등비급수를 활용한 방법에서 n번 시행 후 각의 크기 a_n은 다음과 같다.

$$a_n = 90°\{\frac{1}{2} - \frac{1}{4} + \frac{1}{8} - \frac{1}{16} + \cdots + \frac{1}{2}(-\frac{1}{2})^{n-1}\}$$

따라서 $30°$와 a_n의 값의 차이를 0.1보다 작게 하는 n의 값을 찾아야 하므로 다음과 같은 식을 세울 수 있다.

$$E_n = |30 - a_n| < 0.1$$

$$E_1 = 15,\ E_2 = 12.5,\ \cdots,\ E_9 = 0.05859$$

그러므로 최소 n의 값은 9이다.

13. 무한등비급수를 활용한 방법에서 임의의 각 θ를 삼등분하려고 한다. 이 방법으로 n번 시행 후 오차 E_n^{θ}에 대한 일반적인 경향을 찾는 아래 물음에 답하시오.

(1) $\theta = 90°$일 때, $E_n^{90°}$의 일반항을 구하시오.

(2) $\theta = 120°$일 때, $E_n^{120°}$의 일반항을 구하시오.

(3) 위의 두 결과를 통해 E_n^{θ}에 대한 일반적인 식을 추측하고, 성립하는 이유를 설명하시오.

풀이 (1) $E_n^{90°} = 15\left(\frac{1}{2}\right)^{n-1}$

(2) $E_n^{120°} = 20\left(\frac{1}{2}\right)^{n-1}$

(3) $E_n^{\theta} = \frac{1}{6}\theta\left(\frac{1}{2}\right)^{n-1}$

14. 부채꼴의 호를 활용한 근사적인 각의 삼등분에 대한 다음 물음에 답하시오.

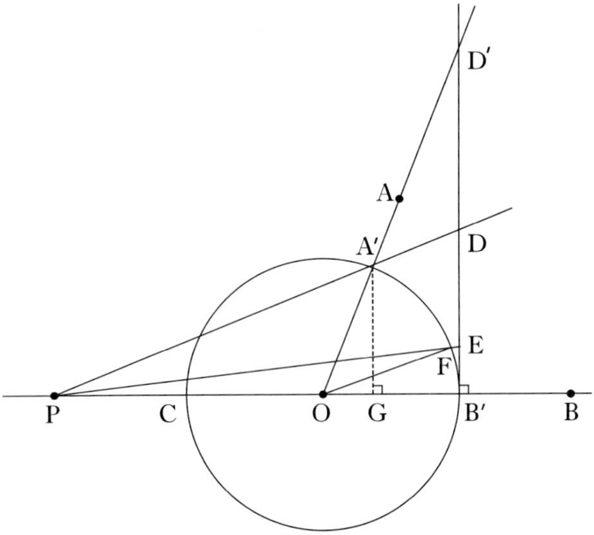

(1) 위의 그림에서 $\frac{1}{3}\mathrm{B'D} = \mathrm{B'E}$ 이고, 근사적으로 $\overset{\frown}{\mathrm{A'B'}} = \mathrm{B'D}$ 라고 간주하고, 각 AOB의 크기를 θ 라고 할 때,

$$\theta = \frac{3\sin\theta}{\cos\theta + 2}$$

이 성립함을 증명하시오.

(2) 계산기나 컴퓨터를 이용하여 θ 의 크기가 $30°$, $60°$, $90°$ 일 때 오차의 크기를 각각 구하시오.

풀이 (1) (증명)

그림에서 삼각형 A′GP와 삼각형 DB′P는 서로 닮음이다. 즉, $\frac{A'G}{PG} = \frac{DB'}{PB'}$이다. 그런데 $A'G = \sin\theta$, $PG = 2 + \cos\theta$, $PB' = 3$이므로 다음 식이 성립한다.

$$B'D = \frac{3\sin\theta}{\cos\theta + 2}$$

그런데 근사적으로 $\widehat{A'B'} = B'D$이고, 부채꼴 A′OB′에서 중심각 θ에 대한 $\widehat{A'B'}$의 길이는 θ가 되어야 하므로 $\theta = \frac{3\sin\theta}{\cos\theta + 2}$이 성립한다.

(2) 컴퓨터를 이용하여 그 오차를 계산하면 다음과 같다.

각의 크기	30°	60°	90°
오 차	0.13°	0.88°	3.45°

15. 각의 삼등분 문제의 대수적인 변환에서 삼각함수의 삼배각의 공식($\cos 3\theta = 4\cos^3\theta - 3\cos\theta$)을 활용하는 방법이 제시되었다. 아래 그림을 참고로 하여 a와 x의 값의 범위를 구하시오.

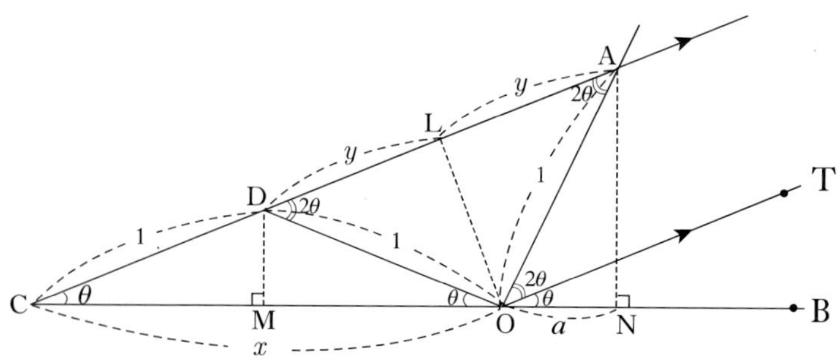

풀이 삼배각의 공식 $\cos 3\theta = 4\cos^3\theta - 3\cos\theta$과 위의 그림을 연결해서 보면 간단하게 구할 수 있다.

위의 그림에서 $x = 2\cos\theta$, $a = \cos 3\theta$ 인데, 이 값을 식에 대입하면, $a = \dfrac{x^3}{2} - \dfrac{3x}{2}$이고, $x^3 - 3x - 2a = 0$가 된다.

여기서, $-1 < a < 1$, $-2 < x < 2$ 이다.

참고문헌

박한식 (1991). 교직수학 I. 서울 : 대한교과서주식회사.

양영오 · 조윤동 (공역) (2000). 수학의 역사 : 상, 하. 서울 : 경문사.

이우영 · 신항균 (공역) (1995). 수학사. 서울 : 경문사.

이종우 (2002). 기하학의 역사적 배경과 발달. 서울 : 경문사.

한명수 (역) (1993). 원주율 π의 불가사의. 서울 : 전파과학사.

한인기 (2003). 교사를 위한 수학사. 서울 : 교우사.

김응태 · 박승안 (1993). 현대대수학. 서울 : 경문사.

Boyer, C. B., & Merzbach, U. C. (1991). *A history of mathematics.* New York : John Wiley & Sons, Inc.

Dresden, A. (1963). *Science awakening.* New York : Oxford University Press.

Dunham, W. (1990). *Journey through genius : The great theorems of mathematics.* New York : Penguin Books USA Inc.

Eve, H. (1953). *An introduction to the history of mathematics* (1st ed.). New York : Rinehart.

Heath, T. (2008). *A history of Greek mathematics* (Vol. 1). New York : Adamant Media Corporation.

Heath, T. (2008). *A history of Greek mathematics* (Vol. 2). New York : Adamant Media Corporation.

Heath, T. L. (1952). *The Thriteen Books Of Euclid's Elements.* London : Cambridge University Press.

Kaiser, H. (1996). The problem of the duplication of a cube. In

A. S. Posamentier & W. Schulz(Eds.), *The art of problem solving* (pp. 371-382). Thousand Oaks, CA : Corwin Press, Inc.

Nelsen, R. B. (1993). *Proofs without words.* Washington : MAA Service Center.

Pedoe, D. (1976). *Geometry and the liberal arts.* New York : ST. Martin's Press.

S. Brodie on internet site
http : //www.cut-the-knot.org/pythagoras/cosine.shtml

Terry, L. (1964). *The mathmen.* New York : McGraw-Hill Book Company.

Yates, R. C. (1971). The trisection problem. Reston, VA : NCTM.

찾아보기

김 진 호
서울교육대학교 수학교육과 졸업
Columbia University 수학교육학 박사
현재 대구교육대학교 수학교육과 교수

김 용 대
한국교원대학교 수학교육과 졸업
한국교원대학교 수학교육학 박사
현재 대구교육대학교 강사

서 보 억
한국교원대학교 수학교육과 졸업
국립경상대학교 수학교육학 박사
현재 대구가톨릭대학교 수학교육과 교수

수학의 역사 제2권
3대 작도 문제 해결을 위한 곡선과 기구

2011년 9월 5일 1판 1쇄 발행
2023년 7월 5일 1판 3쇄 발행

지은이 / 김진호 · 김용대 · 서보억
펴낸이 / 오판근
펴낸곳 / 교우사

주　소 / 서울특별시 동대문구 약령시로 8 교우빌딩 2층
전　화 / 925-2861(代), 편집부 / 925-2825
팩　스 / 925-2860

E-mail / kyowoo@kyowoo.co.kr
http://www.kyowoo.co.kr

출판등록 / 1994. 3. 24 제6-0256호

ISBN 978-89-8172-895-3 (04410)
978-89-8172-832-8 (04410) (세트)

값 13,000 원